DIGITAL MEDIA TECHNOLOGY

数字媒体技术基础

刘歆 刘玲慧 朱红军◎编著

人民邮电出版社

北 京

图书在版编目（CIP）数据

数字媒体技术基础 / 刘歆，刘玲慧，朱红军编著
. -- 北京：人民邮电出版社，2021.10
ISBN 978-7-115-55281-5

Ⅰ. ①数… Ⅱ. ①刘… ②刘… ③朱… Ⅲ. ①数字技
术—多媒体技术 Ⅳ. ①TP37

中国版本图书馆CIP数据核字（2020）第223878号

内 容 提 要

"数字媒体技术基础"是数字媒体类相关专业必修的专业基础核心课程，该课程概念多，涉及内容广泛，应用实践性强。本书在讨论数字媒体技术基本概念和应用的基础上，展开探讨图形图像、音频、视频和动画等多种数字媒体的基本概念、处理技术方法和应用。内容包括数字媒体概述、数字图像、计算机图形学、数字音频、数字电视与数字视频技术、计算机动画技术、数字媒体技术基础实验。

本书注重理论结合实践，既可作为电子信息工程、计算机科学与技术、软件工程、传媒等数字媒体相关的本/专科生参考书，又适合作为数字媒体技术爱好者的自学读物。

◆ 编　　著　刘　歆　刘玲慧　朱红军
　　责任编辑　王　夏
　　责任印制　陈　犇

◆ 人民邮电出版社出版发行　　北京市丰台区成寿寺路 11 号
　　邮编　100164　　电子邮件　315@ptpress.com.cn
　　网址　https://www.ptpress.com.cn
　　北京七彩京通数码快印有限公司印刷

◆ 开本：787×1092　1/16
　　印张：13　　　　　　　　　　　2021 年 10 月第 1 版
　　字数：316 千字　　　　　　　　2025 年 1 月北京第 11 次印刷

定价：138.80 元

读者服务热线：(010)53913866　印装质量热线：(010)81055316
反盗版热线：(010)81055315
广告经营许可证：京东市监广登字 20170147 号

"数字媒体技术基础"是数字媒体类相关专业必修的专业基础核心课程,该课程概念多,涉及内容广泛,应用实践性强。数字媒体技术把计算机技术的交互性和可视化的真实感结合起来,应用渗透到各个领域。本书编写的目的是让读者理解数字媒体技术的基本概念和主要功能,掌握常用的数字媒体工具软件的使用方法,了解如何进行数字媒体软件开发和数字媒体制作。

为了提高数字媒体技术基础理论和相关应用、实践类课程的教学效果,以更好地适应专业的科学发展和学生能力培养的需求,编者开展了一系列面向工程应用的数字媒体技术课程和教学改革。经过多个阶段的课程体系建设和课程内容优化,编者对改革和建设过程中的讲义、案例进行了归纳、提炼和总结,形成了编写本书的雏形。

基于数字媒体技术涵盖知识和内容较多的特点,为使读者既掌握理论知识、具有分析能力,又掌握相应的设计、操作和开发实践技能,本书注意把理论知识、实验过程与实际应用问题联系起来,以数字媒体技术涉及的数学、程序语言、计算机技术等为基础,在帮助读者深入理解数字媒体技术基本知识点和相关理论的同时,能引导学生将知识点熟练掌握并加以应用。

本书内容共分为7章。第1章为数字媒体概述,阐述了数字媒体相关的基本概念,以及数字媒体技术的应用;第2章为数字图像,介绍了数字图像基本概念、数字图像处理技术,以及几种处理方法;第3章为计算机图形学,介绍了计算机图形学基本概念、基本图形的生成、图形变换;第4章为数字音频,介绍了声音基本概念、声音信号数字化,以及音频处理方法、软件和语音识别技术;第5章为数字电视与数字视频技术,主要围绕电视信号、数字电视、数字电视中压缩编码技术、电视图像的数字化、视频及视频处理技术、视频编辑及软件应用进行阐述;第6章为计算机动画技术,主要围绕计算机动画的基本概念、类型和常用动画仿真技术进行阐述;第7章为数字媒体技术基础实验,以 VS+OpenCV 为开发工具,设立了一系列数字图像、视频处理及应用的实验和过程指导。

本书的第1章、第4章~第7章由刘歆编写,其中,吴小倩参与了第1章和第6章的资料收集和整理;第2章主要由刘玲慧编写,刘歆参与部分内容编写及整章修改;第3章由朱红军编写。本书由刘歆统稿。

本书在编写过程中得到了许多专家的大力支持，在此，编者表示最诚挚的感谢！

鉴于编者的水平有限，书中难免有不妥之处。同时，虽然我们已经尽力校核所有内容的准确性，但不可避免地还会出现一些错误，包括文字和实验部分的代码错误。因此，诚恳地希望并感谢读者予以指正。

编　者
2020 年 7 月

目 录

第1章

数字媒体概述

1.1 媒体及其分类

媒体是指人们用来传递信息与获取信息的工具、渠道、载体、中介物或技术手段[1]。媒体有两层含义：一层含义是指信息的物理载体（即存储和传递信息的实体），如书本、磁盘、光盘、磁带以及相关的播放设备等；另一层含义是指信息的表现形式（或传播形式），如文字、声音、图像、动画等。多媒体计算机中所说的媒体是指后者，即计算机不仅能处理文字、数值之类的信息，而且能处理声音、图像、视频等各种不同形式的信息[2]。

电视、广播、报纸、期刊等是传统的媒体形式。随着科技的发展，逐渐衍生出新的媒体形式，如数字杂志、数字报纸、触摸媒体等，被称为新媒体。新媒体是利用数字技术，通过计算机网络、无线通信技术、卫星等渠道，以及电脑、手机、数字电视机等终端，向用户提供信息和服务的传播形态。从空间上看，新媒体与传统媒体相对应，以数字压缩和无线网络技术为支撑，具有大容量、实时性和交互性。以数字技术为代表的新媒体，其最大特点是打破了媒介之间的壁垒，消融了媒体介质之间，地域、行政之间，甚至传播者与接受者之间的边界。新媒体个性化突出、受众选择性多、表现形式多样、信息发布技术及时且交互性极强[3]。

从表示、存储、传输等角度分析，媒体可分为五大类[4]。

（1）感觉媒体（Perception Medium），指直接作用于人的感觉器官，使人产生直接感觉的媒体，如引起听觉反应的声音、引起视觉反应的图像等。

（2）表示媒体（Representation Medium），指传输感觉媒体的中介媒体，即用于数据交换的编码，如图像编码、文本编码（ASCII 码、GB2312 等）和声音编码等。

（3）表现媒体（Presentation Medium），指进行信息输入和输出的媒体，如键盘、鼠标、扫描仪、话筒、摄像机等输入媒体；显示器、打印机、喇叭等输出媒体。

（4）存储媒体（Storage Medium），指用于存储表示媒体的物理介质，如磁盘、光盘等。

（5）传输媒体（Transmission Medium），指传输表示媒体的物理介质，如电缆、光缆等。

1◀

1.2　数字媒体概念及其特性

1.2.1　数字媒体概念

数字媒体（Digital Media）是指以二进制数的形式记录、处理、传播、获取信息的载体。这些载体包括数字化的文字、图形、视频影像和动画等感觉媒体和表示这些感觉媒体的表示媒体（编码）等[5]。用计算机记录和传播的信息媒体的一个重要特点是，信息的最小单元是比特（bit），其值为 0 或 1[6]。信息在计算机中存储和传播时，任何信息都可以分解成一系列 0 或 1 的排列组合。数字媒体是通过计算机存储、处理和传播信息的媒体。与传统媒体使用模拟方式进行信息的存储和传输不同，数字媒体是以比特的方式进行信息的存储、处理和传输[7]。

按时间属性，数字媒体可分成静止媒体（Still Media）和连续媒体（Continues Media）。静止媒体是指文本、图片等内容不会随时间而变化的数字媒体。连续媒体是指音频、视频等内容会随着时间而变化的数字媒体。按来源属性，数字媒体可分成自然媒体（Natural Media）和合成媒体（Synthetic Media）。自然媒体是指客观世界存在的景物、声音等，经过专门的设备进行数字化和编码处理得到的数字媒体，如数码相机拍的照片、数字摄像机拍摄的影像、数字音乐等。合成媒体是指以计算机为工具，采用特定符号、语言或算法来表示，由计算机生成的文本、音乐、语音、图像和动画等，如用 3D 制作软件制作的动画角色[8]。

数字媒体可以理解为人们常说的多媒体，它是由数字技术支持的信息传输载体，其表现形式复杂多样，互动特性强[9]。数字媒体可以分为网络型数字媒体和封装型数字媒体，网络型数字媒体一般是指互联网，封装型数字媒体包括磁盘和光盘（如 CD 和 DVD）等。

1.2.2　数字媒体特性

概括起来，数字媒体具有以下特性。

（1）表现形式丰富多样

数字媒体可以处理图像、文本、音频、视频等多种信息，它使人们交换的信息更加丰富、多样。数字媒体在生活中的使用不仅带来了全新的艺术表现形式，而且还丰富了传统媒体艺术的表现形式[10]。

（2）受众由被动变主动

在传统的大众传播中，信息来源于发送方，受众被动地接受，不能发表自己的看法，阐明自己的观点。而在数字媒体中，信息是按比特存储的，受众可以发表自己的观点、看法，还可以从中挖掘自己感兴趣的信息。

（3）趋于个人化的双向交流

在数字媒体的传播中，发布者和受众之间能进行实时的互动，这种互动使双方交流更加容易。除此之外，信源和信宿的角色可以随时改变。数字化传播中点对点、点对面传播模式的共享，使传播的覆盖面可以越来越大，也可以越来越小，直至实现个人化传播。

（4）整体大于部分之和

数字媒体可将多种媒体混合叠加到一起，但并不是简单地混合和叠加起来，而是将多种媒体有机地结合起来，再对其进行加工、处理，并根据传播要求相互转换，以达到"整体大于各部分之和"的效果。

（5）技术与人文艺术的融合

数字媒体具有图、文、声、像并茂的立体表现特点，可利用多种媒体的表现方式，还能有效地传达信息，与人文技术有效地融合在一起。

1.3　数字媒体技术研究和应用领域

1.3.1　数字媒体技术研究和产业发展

数字媒体技术主要研究与数字媒体信息的获取、处理、存储、传播、管理、安全、输出等相关的理论、方法、技术与系统。由此可以看出，数字媒体技术是一门综合应用的技术，它囊括了计算机技术、通信技术和信息处理技术等各类信息技术。数字媒体技术涉及的关键技术及内容主要包括数字信息的获取与输出技术、数字信息存储技术、数字信息处理技术、数字传播技术、数字信息管理与安全等。除此之外，还有在这些关键技术基础上的综合技术。如，基于数字传输技术和数字压缩处理技术，广泛应用于数字媒体网络传输的流媒体技术；基于计算机图形技术，广泛应用于数字娱乐产业的计算机动画技术；基于人机交互、计算机图形和显示等技术，广泛应用于娱乐、广播、展示与教育等领域的虚拟现实技术等。

在数字媒体发展初期，传输形式比较单一。当时，广播和电视等内容也可采用数字媒体技术，通过数字化方式传输给用户，但用户接受信息比较被动。科技和时代的进步使人们的体验方式发生改变。考虑到数字媒体传播和管理的需求，现在的数字媒体技术使用户由被动、消极的接收者变为更具自主性、参与性的接收者。现在的数字媒体技术已经被广泛地应用于各个领域，比如，在科研单位、高校以及广告行业等都可以看到数字媒体技术的应用。以数字媒体技术为支撑、数字媒体内容设计制作为中心的产业[11]，被称为数字媒体产业（Digital Media Industry）。在数字媒体产业发展过程中，数字媒体技术的优势和应用主要体现在跨行业和跨网络方面[12]，即广域网、电视网络以及互联网三者的整合使用，以拓宽数字媒体的使用空间。在满足用户个性化需求的同时，还能形成互动的数字媒体技术，创建多终端的个性化数字媒体模式。

1.3.2　数字媒体技术的应用领域

根据数字媒体涉及的具体内容及应用对象，数字媒体技术应用领域可分为数字影视、数字游戏、电视包装、3D 数字动漫、手机媒体、城市规划、数字广告、数字景区、可穿戴未来等[13]。

1．数字影视

数字影视是一个全新的领域，包括数字电影、数字电视、网络流媒体视频技术等。影视领域的数字化，使影视创作、制作到传播等各个环节更多地运用数字技术，让人们感受到数字技术带来的形式上和内容上的丰富多彩。现今，越来越多基于数字媒体技术的数字影视作品走进人们的视野。以数字电影为例，在数字媒体技术的作用下，电影技术从使用胶片存储，人工剪辑逐渐发展成用数字摄影机拍摄，运用计算机进行剪辑。同时，随着计算机动画与虚拟现实技术的普及，数字制作技术也在逐渐取代传统的电影制作技术。数字放映机与动画影像压缩技术的进步推动了电影技术的发展。

2．数字游戏

数字媒体技术的不断发展，推动了电子游戏的发展，并增加了游戏的体验形式、创新性，使其可以更好地满足不同玩家的需求[14]。游戏开发者将数字媒体技术有效地运用到游戏制作中，提高了游戏的品质，实现了游戏产业的可持续发展。在游戏领域中，数字媒体技术对游戏的质量有着至关重要的作用，合理运用数字媒体技术能有效达到游戏领域对游戏质量的要求。传统游戏中，大部分的游戏主题都有一定的相似性，如游戏的模式、游戏的人物设定等。运用数字媒体技术后，各种类型的游戏逐渐出现，种类多样、形式丰富的游戏可供玩家选择。同时，游戏内容等的设计也更具合理性，从而使游戏的整体质量明显提高。

3．电视包装

电视包装是电视台、各电视节目公司和广告公司常用的概念之一。电视包装的定义是对电视节目、栏目、频道甚至是电视台的整体形象进行一种外在形式要素的规范和强化，这些外在形式要素包括声音、图像、颜色等。将数字媒体技术应用于电视包装中，可以减少电视包装所使用的时间，还可以在电视包装中加入更多的创意，使电视包装更加多元化[15]。运用数字媒体技术能改善电视包装方式，满足观众日益变化的需求，增强媒体和所传播信息的吸引力。

4．3D 数字动漫

3D 数字媒体技术在动漫的设计和制作中扮演着重要的角色，积极推动了动漫电视作品的发展。从前期的动漫角色和场景设计、制作，到各种动漫效果的设计和制作，再到后期的渲染、编辑合成，数字媒体相关技术都发挥着重要作用。在动漫影视作品中融入 3D 数字媒体技术，可以使动漫的展示更加具有立体感，表现更加清晰，能使观众有更加真实的感受。

5．手机媒体

手机媒体是以手机为视听终端的个性化信息传播载体。它是以互动为传播应用的大众传播媒介。手机媒体作为网络媒体的延伸，具有网络媒体互动性强、信息获取快、传播速度快、更新速度快、跨地域传播等特性。手机媒体还具有高度的移动性、便携性。手机媒体信息传播具有即时性、互动性，以及受众资源极其丰富的特点。

6．城市规划

随着我国城市化的发展，城市规划已经成为实现城市经济发展和社会进步的重要手段，是一个城市独有的符号与象征。近年来，数字媒体艺术作为数字媒体技术和艺术的结合，是一种新兴的艺术形式，它在城市各方面的规划中，尤其是在城市公共艺术、城市景观设计中逐渐应用和发展，为我国的城市现代化建设添加了光彩[16]。一方面，为了满足城市不同人群的精神需要，可在城市规划中加入数字媒体艺术，让城市文化能够深入大众的内心。另一方面，为了使人与自然和谐相处，产生了基于数字媒体技术和艺术结合的数字生态城市这一规划理念。

7. 数字广告

传统媒体和数字媒体下的广告的传播形式的差别是很大的。纵观广告发展史，传统的广告形式简单，只能包含少量的信息。数字媒体出现后，数字广告可以包含海量的信息，形成了一种多方面、多条件的综合发展模式。大众可以自主地接受广告，并且可以将自己对产品的建议、看法以及自己遇到的问题传递给更多人。因此，传统的广告传播方式逐渐被数字广告传播方式所取代，数字广告的不断发展，使商家与消费者、消费者与消费者之间的距离越来越小。

8. 数字景区

旅游业健康发展的前提是对旅游资源进行合理的开发利用，数字媒体技术的应用，能帮助游客更加清楚地了解景区文化，可以有效地进行旅游资源的整合，有利于对旅游景区的信息统计、规划、发展、宣传以及保护[17]。这既能使景区的管理更加方便，能提升景区形象，也能减少游客不必要的花销。利用数字媒体技术丰富的视觉图形语言，可以实现对景区特色文化的立体化展示。由于数字媒体技术传播的特殊性，其可搭载多样的传播平台，并且传播成本低，传播面广，传播效率高。目前，我国基于数字媒体技术对旅游景区的开发建设已有成效。

9. 可穿戴未来

20 世纪 50 年代，改进的"便携式收音机贝雷帽"出现在纽约。20 世纪 60 年代，美国麻省理工学院媒体实验室提出了创新技术，利用该技术可以把多媒体、传感器和无线通信等技术嵌入到人们的衣着中，可支持手势和眼动操作等多种交互方式。这种科学技术主要探索和创造能直接穿在身上的设备，或是将设备整合进用户的衣服或配饰中。目前，可穿戴技术已经有了很大的进步，主要有三大热门应用领域[18]：健康医疗、信息交互、游戏娱乐。以健康医疗为例，除了运动检测、血压监测、睡眠检测等，还出现了针对不同人群的监测功能，例如对患者的血糖监测，对老年人的膳食监测等。2019 年，可穿戴技术+数字健康+神经技术会议展示了可穿戴技术的最新成果，包括消除慢性疼痛的护目镜、帮助听障人士感受声音的腕带和"读心"智能眼镜等。

参考文献

[1] JENNIFER B. 数字媒体技术教程[M]. 王崇文, 李志强, 刘栋, 等译. 北京: 机械工业出版社, 2015.

[2] 肖继革. 浅谈多媒体计算机[J]. 河南机电高等专科学校学报, 1997(2): 34-37.

[3] 周如南. 全媒体: 新媒体时代的传媒业转型方向[J]. 传播与版权, 2014(2): 100-101.

[4] 耿强, 院娅. 影视多媒体技术的定义、范畴及发展[J]. 西部广播电视, 2006(1): 6-10.

[5] 中国市场调研在线. 2017—2023 年中国数字媒体行业现状研究分析及市场前景预测报告[R]. (2017-06-01) [2020-07-01].

[6] 陶伶俐. 数字媒体产业发展现状及建议[J].中国科技产业, 2009(7): 68-70.

[7] 魏宗洋. 基于创意发展下的数字媒体分析[J]. 中国新通信, 2013, 15(11): 13.

[8] 王莹莹. 论数字媒体新技术的应用研究[J]. 中国科技博览, 2009(9): 149.

[9] 林福宗. 多媒体技术基础(第 3 版)[M].北京: 清华大学出版社, 2009.

[10] 王昊. 数字媒体的艺术特性简析[J]. 明日风尚, 2018(4): 12.

[11] 钟康云. 影视类高校数字媒体复合型人才培养与实验教学[J]. 新闻界, 2010(4): 168-169.

[12] 武传奇. 数字技术媒体优势的应用及其未来发展前景研究[J]. 商品与质量, 2015(27): 12.

[13] 刘智. 浅谈数字媒体技术[J]. 科技信息, 2010(28): 251.

[14] 刘云志. 数字媒体技术在游戏中的创新运用[J]. 电子技术与软件工程, 2017(11): 83.

[15] 黄健, 杨涛. 论电视经济频道的形象包装[J]. 媒体时代, 2011(8): 50-51.

[16] 顾淑君. 数字媒体艺术在城市规划中的应用分析[J]. 美与时代(城市版), 2016(12): 36-37.

[17] 马孟郊. 谈数字媒体技术在旅游景区中的应用：以龙门石窟为例[J]. 旅游纵览, 2014(10): 38.

[18] 何小庆. 2014 年可穿戴设备市场回顾[J]. 电子产品世界, 2015, 22(Z1): 5-6.

第2章

数字图像

2.1 数字图像基本概念

据统计，一个人获取的信息大约有 75%来自视觉。在计算机获取的视觉媒体中，图像占了很大的比例。掌握图像相关知识和处理技术在数字媒体技术专业学习过程中十分重要。图像是人类视觉的基础，是自然景物的客观体现，是人类认识世界和自身的重要源泉[1]。"图"是物体反射或透射光的分布，"像"是人的视觉系统所接收的图在人脑中形成的印象或认识，照片、绘画、剪贴画、地图、书法作品、传真、卫星云图、影视画面、X光片、脑电图、心电图等都是图像[2]。很多学者和文献认为："图"可理解为外在景物的相似物，"像"是直接或间接的视觉印象，而图像则是人类视觉系统感知的信息形式或人们心目中的有形想象。图像是客观对象的一种相似性的、生动性的描述或写真，是人类社会活动中最常用的信息载体。也可以说图像是客观对象的一种表示，它包含了被描述对象的有关信息，是人们最主要的信息源。广义上讲，图像就是所有具有视觉效果的画面，包括纸介质上的，胶片上的，电视、投影仪或计算机屏幕上的[3]。

2.1.1 数字图像概述

根据记录方式的不同，图像可分为两大类：模拟图像和数字图像。模拟图像可以通过某种物理量（如光、电等）的强弱变化来记录图像亮度信息，例如模拟电视图像；而数字图像则是用计算机存储的数据来记录图像上各点的亮度信息[3]。

模拟图像，又称连续图像，是指在二维坐标系中连续变化的图像，即图像的像点是无限稠密的，同时具有灰度值（即图像从暗到亮的变化值）。连续图像的典型代表是由光学透镜系统获取的图像。

数字图像，是以二维数组或矩阵形式表示的图像，其数组或矩阵单元为像元。数字图像，又称数码图像或数位图像，是二维图像用有限数值像素表示的，其光照位置和强度都是离散的。数字图像是由模拟图像数字化得到的、以像素为基本元素的、可以用数字计算机或数字电路存储和处理的图像。

数字图像可以由许多不同的输入设备（如数码相机、扫描仪、坐标测量机等）和技术生成，也可以由非图像数据合成得到，例如数学函数、几何模型等。数字图像处理领域就是研究它们的变换算法。数字图像的 3 种基本创建方法为：矢量图、位图、程序化建模[4]。

1．矢量图

矢量图，也称为面向对象的图像或绘图图像，在数学上定义为一系列由线连接的点。矢量文件中的图形元素称为对象。每个对象都是一个自成一体的实体，它具有颜色、形状、轮廓、大小和屏幕位置等属性[5]。矢量图使用直线和曲线来描述图形，这些图形的元素是一些点、线、矩形、多边形、圆和弧线等，它们都是通过数学计算获得的。例如一幅卡通形象的矢量图形实际上是由一些几何图元组成的，颜色由各几何图元的外框颜色以及外框所封闭的颜色表示。

矢量图根据几何特性来绘制图形，矢量可以是一个点或一条线，矢量图只能通过软件生成，文件占用存储空间较小，因为这种类型的图像文件包含独立的分离图像，可以自由无限制地重新组合[5-6]。它的特点是放大后图像不会失真，与分辨率无关，但难以表现色彩层次丰富的逼真图像效果，适用于图形设计、文字设计和一些标志设计、版式设计等。常用软件有 CorelDraw、Illustrator、Freehand、Xara、CAD 等。

2．位图

位图，也称为点阵图像或绘制图像，是由称作像素（图片元素）的单个点组成的[5-6]，这些点可以进行不同的排列和染色以构成图样。图 2.1 为位图示例。当放大位图时，可以看到构成整个图像的无数单个方块。扩大位图尺寸的效果是增大单个像素，从而使线条和形状显得参差不齐。然而，如果从稍远的位置观看它，位图图像的颜色和形状又变成连续的。常用的位图处理软件是 Photoshop 和 Windows 系统自带的画图软件。

图 2.1　位图示例

像素（或像元）是数字图像的基本元素，像素是在模拟图像数字化时对连续空间进行离散化得到的。每个像素具有整数行（高）和列（宽）位置坐标，同时具有整数灰度值或颜色值。

通常，像素在计算机中保存为二维整数数组的光栅图像，这些值经常用压缩格式进行传输和存储[6]。计算机中图像的数字化表示把图像按行与列分割成 $m \times n$ 个网格，每个网格的图像表示为该网格的颜色平均值，即用一个 $m \times n$ 的像素矩阵来表达一幅图像，$m \times n$ 称为图像的分辨率。分辨率与图像质量相关。通常，分辨率越高，图像失真越小。同时，由于在计算机中只能用有限长度的二进制位来表示图像颜色，每个像素点的颜色只能是所有可表达的颜色中的一种。颜色数越多，用以表示颜色的位数越长，图像颜色就越逼真，图像呈现质量越好。

3．程序化建模

程序化建模，是指通过基于数学计算或算法编写的计算机程序来创建数字图像，其所关注的是数字计算和算法而不是事先设想的事物，根据计算的结果关联像素，从而创建图像。作为一种计算和算法的数学特点的表现，图像的效果很自然[4]。

分形图像生成是程序化建模的一个较好例子。分形理论创始人本华·曼德博将分形定义为整体与局部在某种意义下的对称性的集合，或某种意义下的自相似集合。分形造型技术利用递归、细分算法构成具有分数维性质的分形景物，景物外形具有一定的随机性，局部形态可以根据需要不断细化，且与整体形态相似。经典的欧氏几何学为整数维，而分形几何学采用非整数的分数维来定义对象的维数。图 2.2 展示了一个递归定义的分形过程——科赫（Koch）雪花[7]。其实现过程为：任意画一个正三角形作为初始元，把每条边三等分，取每条边三等分后的中间一段为边向外画正三角形，并去掉中间这一段，为一次细分；重复上述过程，画出更小的三角形，即可得到 2 次细分、3 次细分等。

初始元　　　一次细分　　　2次细分　　　3次细分

图 2.2　科赫雪花

分形造型技术适合表现局部与整体相似、细节复杂且有一定随机性变化的树木花草、山川田野等自然景物，可以根据需要动态地生成和显示造型对象，从全局轮廓逐渐过渡到局部细节的展示，动态地表现物体从远景、全景、近景到特写的画面变化；可以模拟各种表面纹理；可以模拟分子和粒子的运动、树木的生长、冰棱的结晶等自然现象[8]。

利用分形造型技术准确地构造不同结构的景物，需要选择合适的数学模型，通过对给定的点集或者基本元素的初始集，如直线、曲线、颜色区、表面等，重复使用变换函数来实现景物的造型。实现分形的数学模型有在复平面迭代的自平方分形、迭代函数系统（Iterated Function System, IFS）随机位移模型、基于语言规则的 L-系统等[9]。Mandelbrot 集是经典的分形几何，属非随机自平方分形，其图形是对二次迭代方程的递归过程进行计算机可视化的结果，如图 2.3 所示[4]，适用于美术设计、建筑装潢、动画制作。

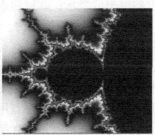

图 2.3　Mandelbrot 集图形

综上所述，3 种数字图像创建方法的特点如下[6,10-11]。

- 矢量图：用一系列计算机指令来表示图像。
  - 特点：便于管理，容易修改；可做图库，生成快，文件相对较小。
  - 适用于计算机合成，不适用于表示自然图像。
- 位图：像素组成的图像。
  - 特点：文件相对较大，显示快，逼真。
  - 适用于通过扫描、摄像等途径得到的自然图像。
- 程序化建模：计算机程序通过结合数学、逻辑学、控制结构和递归函数决定每个像素点的颜色。

2.1.2　图像的模数转换

从模拟图像到数字图像的转换过程，是将图像的连续现象用离散化的形式表示，使其可以被计算机存储、处理。目前的计算机只能处理数字信息，要处理照片、图纸等原始信息是连续的模拟信号，那么必须将连续的图像信息转化为数字形式，才能用计算机处理。可以借助数学思维来思考这个问题，把图像看作一个连续变化的函数，图像上各点的颜色值是其所在位置的函数。整个离散化过程要经过数字化的采样与量化两个步骤。下面简单介绍图像数字化采样和量化的方法。

采样是把时空域下的连续量转化为离散量的过程。把模拟图像用连续函数 $f(x, y)$ 表示，对空间连续坐标 (x, y) 进行离散化，得到离散样本序列 $[f(m, n)]_{M \times N}$ 的过程称为图像采样。如果对连续图像 $f(x, y)$ 进行等间隔采样，在 (x, y) 平面上，可把图像分成均匀的小网格，每个网络的位置用整数坐标表示，即 $m = 1, 2, \cdots, M$，$n = 1, 2, \cdots, N$，$f(m, n)$ 为坐标 (m, n) 处的灰度值或颜色值。若图像水平采样每行像素为 M 个，垂直采样每列像素为 N 个，则整幅图像可看作一个 $M \times N$ 阶矩阵。矩阵中，每一个坐标位置表示一个采样点，即像素点。数字图像中关于像素有两个属性：位置（像素点）和灰度（颜色信息）。在采样过程中，对于一幅既定大小的图像，采样点越多越好，还是越少越好？采样点越多，像素矩阵就会越大，所需存储空间也越大，但图像表现更细腻，图像质量更好。如果存储空间有限，需要减少采样，但可能引起图像失真。因此，采样过程必须满足采样定理：在进行模拟/数字信号的转换过程中，当采样频率大于信号中最高频率的 2 倍时，采样之后的数字信号可完整地保留原始信号中的信息，一般实际应用中需保证采样频率为信号最高频率的 2.56～4 倍[12]。

所谓量化，就是对于经过采样得到的瞬时值将其幅度离散，即利用一组规定的电平，把瞬时采样值用最接近的电平值表示；或把输入信号幅度连续变化的范围分为有限个不重叠的子区间（量化级），每个子区间用该区间内一个确定数值表示，落入其内的输入信号将以该确定值输出，从而将连续输入信号变为具有有限个离散值电平的近似信号[1]。

对于图像来说，在数字化的过程中，不但要对图像空间域位置信息进行离散化表示，还要对每个像素位置的灰度（颜色值）进行离散化表示，即对 $f(x,y)$ 幅值进行离散化，称为图像的量化。图像量化要求对图像的每个采样点用固定数量的位表示，量化位数也称为样本容量或位深度。例如，一个二进制位可表示两种颜色；两个二进制位可表示 4 种颜色；8 个二进制位可表示 256 种颜色；n 个二进制位可表示 2^n 种颜色。量化位数越多，图像颜色表示越丰富，但需要的存储空间也越大。

因此，在图像数字化过程中，会有两方面的信息损失：采样时，图像会因为采样频率的不同而产生不同程度的失真，这是由于采样所产生的位置空间上的信息丢失而导致的；量化时，使用的量化位数不同也会产生不同程度的失真，这是由于是量化所产生的像素点上的颜色信息丢失而导致的。

2.1.3　位图的数据量计算

1．像素尺寸、分辨率和图像大小

像素尺寸定义为水平方向（宽，用 w 表示）和垂直方向（高，用 h 表示）的像素的数量，可表示为 $w \times h$，例如数码相机能够拍摄像素尺寸为 1 600 像素×1 200 像素的数字图像[4]。通常所说数码相机能达到几百万或几千万像素，代表所拍摄的照片允许的最大像素尺寸。例如，某个数码相机的像素尺寸是 3 888 像素×5 184 像素，总共有 20 155 392 个像素，则通常说这个相机拥有 2 000 万像素。

分辨率定义为每个单位空间中像素的数量，分辨率可用每英寸像素数量来衡量，缩写为 PPI[4]。假设在水平和垂直方向有相同数量的像素，那么要打印 200 PPI 的图像，则每英寸需要 200 个像素点来确定水平方向和垂直方向上的颜色。打印机的分辨率是指打印机在一定的区域内能够打印的点数，用每英寸上的点数（Dot per Inch, DPI）[4]来衡量。

图像大小定义为图像被打印出来或者显示在计算机屏幕上的物理尺寸，可以表示为 $a \times b$[7]。图像大小、分辨率和像素尺寸三者之间有一定的关系。对于一个分辨率为 r，像素尺寸为 $w \times h$ 的图像[4]，有

$$a = \frac{w}{r}, \quad b = \frac{h}{r}$$

在使用像素尺寸和分辨率时应注意它们的区别。比如，通常所说的计算机显示屏的像素尺寸或者图像的像素尺寸都称为它们的分辨率（没有指示"每英寸"）。分辨率有时候用来指代位深度，从而与图像文件中所能表示的颜色数相关联，而有些照相机的文档中用图像大小来表示像素尺寸。

2．位图图像大小

位图图像的大小是指存储整幅图像所占的字节数（B），与图像分辨率和位深度有关。

$$图像的字节数 = \frac{图像分辨率 \times 位深度}{8}$$

例 2.1　一幅像素尺寸为 399 像素×279 像素的二值图像，其图像存储量（storage）计算方法如下。

二值图像表示图像只有两种颜色，即 2^1，位深度为 1，则

$$storage = \frac{399 \times 279 \times 1}{8} = 13\,915.125\ B$$

例 2.2　对于例 2.1 中的图像，若显示 256 色，其图像存储量计算方法如下。

图像有 256 种颜色，lb256=8，即 8 bit 可表达 256 色，位深度为 8，则

$$storage = \frac{399 \times 279 \times 8}{8} = 111321 \text{ B}$$

如果要把上述图像大小用 KB 表示，则

$$storage = \frac{399 \times 279 \times 8}{8 \times 1024} \approx 108.71 \text{ KB}$$

在数字图像应用和处理时，有 3 种常见的位图创建方式[4]。

① 使用画图软件画每一个像素点，并为其赋予相应的颜色。

② 先用模拟照相机拍照、冲洗照片，然后用电子扫描仪扫描，以便存储。

③ 先用数码照相机拍摄照片，然后将位图传送到计算机上，以便存储和处理。

2.1.4　颜色及颜色模型

1．颜色

颜色是通过眼、脑和人们的生活经验所产生的对光的视觉感受。人们肉眼所见到的光线，是由波长范围很窄的电磁波产生的，不同波长的电磁波表现为不同的颜色，对色彩的辨认是肉眼受到电磁波辐射能刺激后所引起的视觉神经感觉[13]。

颜色具有 3 个特性，即亮度、色调、饱和度[14]，具体如下。

亮度，是指人眼对明亮程度的感觉，与发光强度有关[15]。

色调，是指人眼看一种或多种波长的光时所产生的色彩感觉，反映颜色的种类，决定颜色的基本特性。

饱和度，是指颜色的纯度，即掺入白光的程度，或者颜色的深浅程度。通常与色调合称为色度。

然而，色调、亮度、饱和度并不能很好地与计算机显示器相对应。颜色的另一种表示方法是使用三原色。例如，阴极射线管（Cathode Ray Tube, CRT）显示器通过电子束产生不同强度的红、绿、蓝混合的荧光屏显示色光。

2．颜色模型

颜色模型是指某个三维颜色空间中的一个可见光子集，它包含某个颜色域的所有颜色[2]。颜色模型的用途是在某个颜色域内方便地确定颜色，由于每一个颜色域都是可见光的子集，所以任何一个颜色模型都无法包含所有的可见光[16-17]。颜色模型主要有 RGB（Red, Green, Blue）、CMY（Cyan, Magenta, Yellow）、HSV（Hue, Saturation, Intensity）、Lab、YUV 等。它们在不同的应用领域有不同含义，但在计算机技术方面应用最为广泛。

（1）RGB 颜色模型

RGB 颜色模型是一种混合的三原色模型。三原色中的任意一个都不能由其他两个混合表示。红（R）、绿（G）、蓝（B）是三原色很好的选择，因为人眼对这 3 种颜色很敏感。而其他颜色 C 可由红、绿、蓝三色不同分量的相加混合而成，即

$$C = rR + gG + bB$$

其中，r、g、b 分别表示红、绿、蓝的相对数量，R、G、B 是基于波长的常量。r、g、b 的值分别称为 RGB 颜色分量的值，或者颜色通道。图像上每个像素点的颜色由 RGB 的 3 个分量表示。

RGB 颜色模型适用于有源物体（能发出光波的物体，其颜色由其发出的光波决定）。RGB 颜色模型最常见的用途就是显示器系统。彩色阴极射线管、彩色光栅图形的显示器都使用 r、g、b 数值来驱动电子枪发射电子，并分别激发荧光屏上的 3 种颜色的荧光粉发出不同亮度的光线，通过相加混合产生各种颜色；扫描仪也是通过吸收原稿经反射或透射而发送来的光线中的 R、G、B 成分，并用它来表示原稿的颜色[2, 18]。RGB 色彩空间称为与设备相关的色彩空间，因为不同的扫描仪扫描同一幅图像，会得到不同色彩的图像数据；不同型号的显示器显示同一幅图像，也会有不同的色彩显示结果。显示器和扫描仪使用的 RGB 空间与 CIE 1931 RGB 真实三原色表色系统空间是不同的，后者是与设备无关的颜色空间[19-20]。

RGB 颜色空间还可以用如图 2.4 所示的立方体来描述。自然界中任何一种色光都可由 R、G、B 三原色按不同的比例相加混合而成，当三原色分量都为 0（最弱）时混合为黑色；当三原色分量都为 1（最强）时混合为白色。任一颜色 C 是这个立方体坐标中的一点，调整 r、g、b 中的任意一个都会改变 C 的坐标值，即改变了 C 的色值。RGB 颜色空间采用物理三原色表示，其物理意义清楚，适合彩色显像管工作。然而这一模型并不适合人的视觉特点，因此，研究者提出了其他不同的颜色空间表示法[17-18]。

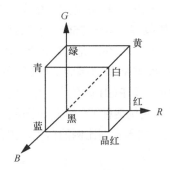

图 2.4　RGB 颜色立方体

（2）CMY 颜色模型

CMY 模型是指采用青色（Cyan）、品红色（Magenta）、黄色（Yellow）3 种基本颜色按一定比例合成颜色的方法，是一种依靠反光显色的色彩模型。在 CMY 模型中，显示的色彩不是直接来自有源物体所发出光线的色彩，而是光线被物体吸收一部分之后反射回来的剩余光线所产生的。因此，光线完全被吸收时显示为黑色，光线完全被反射时显示为白色[21]。就编辑图像而言，RGB 颜色模型是最佳的色彩模型，可以提供全屏幕的 24 bit 的颜色范围，即真彩色显示。但是，用于打印时 RGB 模型就不是最佳的模型了，会损失一部分亮度，比较鲜艳的色彩将会发生失真。R、G、B 与 C、M、Y 分量关系如下[22]。

$$C = 1 - R$$
$$M = 1 - G$$
$$Y = 1 - B$$

从理论上来说，只需将 CMY 的 3 种油墨等比例混合在一起就会得到黑色，但是因为目前工艺水平的限制，制造出来的油墨纯度都不够高，CMY 相加的结果实际并不是黑色。又因为在印刷业中黑色的使用频率非常高，所以往往还会加入黑色（Black）油墨，这就是 CMYK 色彩混合模型的由来[22]。CMYK 又称为印刷色彩模型。理论上，CMYK 值计算式如下[4]。

$$K = \min(C, M, Y)$$
$$C_{\text{new}} = C - K$$
$$M_{\text{new}} = M - K$$
$$Y_{\text{new}} = Y - K$$

总之，在屏幕上显示的图像通常是 RGB 模型表现的，在印刷品上看到的图像通常是 CMYK 模型表现的。例如，显示器、投影仪、扫描仪、数码相机等属于 RGB 模型；期刊、报纸、宣传画等印刷品属于 CMYK 模型。

（3）HSV 颜色模型

HSV 是根据颜色的直观特性由 Smith 在 1978 年创建的一种颜色空间，也称六角锥模型[23-24]。HSV 是一种直观的颜色模型。对于颜色，人们直观地会问"什么颜色？深浅如何？明暗如何？"，HSV 直观地表示了这些信息。在这种颜色空间下，每一种颜色都是由色调（Hue，H）、饱和度（Saturation，S）和亮度（Value，V）所表示的。HSV 模型对应于圆柱坐标系中的一个圆锥形子集，圆锥的顶面对应于 $V=1$。它包含 RGB 模型中的 $R=1$，$G=1$，$B=1$ 这 3 个面，所代表的颜色较亮。从圆锥的顶面中心到原点代表亮度渐暗的灰色。在圆锥的顶点（即原点），$V=0$，代表黑色。H 由绕 V 轴的旋转角确定。H 表示色彩信息，即所处的光谱颜色的位置。该参数用角度来表示，取值范围为 0°～360°。若从红色开始按逆时针方向计算，红色为 0°，绿色为 120°，蓝色为 240°。它们的补色是：黄色为 60°，青色为 180°，品红为 300°[25]。饱和度 S 取值范围为 0.0～1.0。亮度 V 取值范围为 0.0（黑色）～1.0（白色）。

可以说，HSV 模型中的 V 轴对应于 RGB 颜色空间中的主对角线。HSV 模型对应于绘画的配色方法，即用改变色浓和色深的方法从某种纯色获得不同色调的颜色，在一种纯色中加入白色以改变色浓，加入黑色以改变色深，加入不同比例的白色、黑色即可获得各种不同的色调。

RGB 转换成 HSV 的方法如下[4]。

max=max(R, G, B);

min=min(R, G, B);

V=max(R, G, B);

$$S = \frac{\max - \min}{\max};$$

$$\text{if } R = \max, \ H = \frac{G - B}{\max - \min} \times 60°;$$

$$\text{if } G = \max, \ H = 120° + \frac{B - R}{\max - \min} \times 60°;$$

$$\text{if } B = \max, \ H = 240° + \frac{R - G}{\max - \min} \times 60°;$$

$$\text{if } H < 0°, \ H = H + 360°$$

（4）HSI 颜色模型

HSI 色彩空间是从人的视觉系统出发，用色调、饱和度和亮度来描述色彩[26]。HSI 色彩空间可以用一个圆锥空间模型来描述。这种描述 HSI 色彩空间的圆锥模型相当复杂，但能够把色调、亮度、饱和度的变化情形表现得非常清楚。通常把色调和饱和度统称为色度，用来表示颜色的类别与深浅程度。

由于人的视觉对亮度的敏感程度远强于对颜色浓淡的敏感程度，为了便于色彩处理和识别，人的视觉系统经常采用 HSI 色彩空间，它比 RGB 色彩空间更符合人的视觉特性。在图像处理和计算机视觉中大量算法都可在 HSI 色彩空间中方便地使用，它们可以分开处理而且是相互独立的。因此，使用 HSI 色彩空间可以大大简化图像分析和处理的工作量。HSI 色彩空间和 RGB 色彩空间是同一物理量的不同表示法，因而它们之间存在转换关系。假设有一幅 RGB 彩色格式的图像，那么每个 RGB 像素的 H 分量为[27]

$$H = \begin{cases} \theta, & G \geqslant B \\ 2\pi - \theta, & G < B \end{cases}$$

其中，

$$\theta = \cos^{-1}\left(\frac{(R-G)+(R-B)}{2\sqrt{(R-G)^2+(R-B)(G-B)}}\right)$$

饱和度分量为

$$S = 1 - \frac{3\min(R,G,B)}{R+G+B}$$

亮度分量为

$$I = \frac{R+G+B}{3}$$

（5）Lab 颜色模型

Lab 颜色模型是根据国际照明委员会（Commission Internationale de l'Eclairage, CIE）1931 年制定的一种测定颜色的国际标准建立的，于 1976 年被改进并且命名的一种色彩模式。Lab 颜色模型弥补了 RGB 和 CMYK 这两种色彩模型必须依赖设备色彩特性的不足。它是一种设备无关的颜色模型，也是一种基于生理特征的颜色模型[28]。Lab 颜色模型由 3 个要素组成，一个要素是亮度 L，L 分量用于表示像素的亮度，取值范围是[0, 100]，表示从纯黑到纯白；a 和 b 是两个颜色通道。a 包括的颜色从深绿色（低亮度值）到灰色（中亮度值）再到亮粉红色（高亮度值），取值范围是[127,−128]；b 包括的颜色从亮蓝色（低亮度值）到灰色（中亮度值）再到黄色（高亮度值），取值范围是[127, −128][28]。

Lab 颜色空间比计算机显示器甚至比人类视觉的色域都要大[28]，表现为 Lab 的位图获得与 RGB 或 CMYK 位图同样的精度时需要更多的像素数据。Lab 模式所定义的色彩最多，且与光线及设备无关，处理速度与 RGB 模型相同，比 CMYK 模型快很多。因此，可以在图像编辑中使用 Lab 模型。Lab 模型在转换成 CMYK 模型时色彩不会丢失或被替换。因此，最佳的避免色彩损失的方法是，应用 Lab 模型编辑图像，再转换为 CMYK 模型打印输出。

（6）YUV 颜色模型

在现代彩色电视系统中，通常采用三管彩色摄像机或彩色电荷耦合器件（Charge-Coupled Device, CCD）摄像机，它把拍摄得到的彩色图像信号，经分色、分别放大校正得到 RGB 信号，再经过矩阵变换电路得到亮度信号 Y 和两个色差信号 $R–Y$、$B–Y$，最后发送端将亮度和色差信号分别进行编码，用同一信道发送出去，这就是常用的 YUV 色彩空间[29]。采用 YUV

色彩空间的重要性是它的亮度信号 Y 和色度信号 U、V 是分离的。如果只有 Y 信号分量而没有 U、V 分量，那么表示的图就是黑白灰度图。彩色电视采用 YUV 空间正是为了用亮度信号 Y 解决彩色电视机与黑白电视机的兼容问题，使黑白电视机也能接收彩色信号。根据美国国家电视制式委员会 NTSC 制的标准，当白光的亮度用 Y 表示时，它和红、绿、蓝三色光的关系可用常用的亮度公式描述。

$$Y=0.3R+0.59G+0.11B$$

U、V 是由 $B-Y$、$R-Y$ 按不同比例压缩而成的。从 YUV 空间转化成 RGB 空间，只要进行逆运算即可。RGB 与 YUV 颜色分量之间转换的常用计算式为[30]

$$\begin{bmatrix} Y \\ U \\ V \end{bmatrix} = \begin{bmatrix} 0.299 & 0.587 & 0.114 \\ -0.147 & -0.289 & 0.436 \\ 0.615 & -0.515 & -0.100 \end{bmatrix} \begin{bmatrix} R \\ G \\ B \end{bmatrix}$$

3. 灰度图与彩色图像

按颜色信息对图像进行分类，可分为灰度图与彩色图像。

（1）灰度图

灰度图（Gray Scale Image），又称灰阶图。把白色与黑色之间按对数关系分为若干等级，称为灰度级。用灰度级表示的图像称作灰度图。除了常见的卫星图像、航空照片外，许多地球物理观测数据也以灰度表示。

设某点的颜色为 RGB(R，G，B)，则可以通过下面几种方法，将其转换为灰度。

浮点算法：Gray$=0.3R+0.59G+0.11B$

整数方法：Gray$=\dfrac{30R+59G+11B}{100}$

移位方法：Gray$=(76R+151G+28B)>>8$

平均值法：Gray$=\dfrac{R+G+B}{3}$

仅取单个颜色通道：例如 Gray$=G$

常见的灰色图包括单色灰度图、8 位标准灰度图等，如图 2.5 所示。

(a) 单色灰度图　　　　　　　　　　　(b) 8 位标准灰度图

图 2.5　图 2.1 的灰度图

（2）彩色图像

彩色图像是指每个像素由 R、G、B 分量构成的图像，其中 R、G、B 是由不同的灰度描述的。彩色图像是多光谱图像的一种特殊情况，对应于人类视觉的三基色即红、绿、蓝 3 个波段，是对人眼所接收光谱量化性质的近似。三基色模型是建立图像成像、显示、打印等设备的基础，具有十分重要的作用。

常见的彩色图有 16 色、256 色、24 位真彩色等，如图 2.6 所示。

(a) 16 色　　　　　　　　　(b) 256 色　　　　　　　　　(c) 24 位真彩色

图 2.6 图 2.1 的不同彩色图效果

彩色图像又分为真彩色、伪彩色、直接色图像[31]。

真彩色。在组成一幅彩色图像的每个像素值中，有 R、G、B 3 个基色分量，每个基色分量直接决定显示设备的基色强度，这样产生的彩色称为真彩色，也称为全彩色（Full Color）。如果用 $R{:}G{:}B{=}8{:}8{:}8$ 的方式表示一幅彩色图像，每个基色分量占 1 B，共 3 B，可生成的颜色数就是 $2^{24}{=}16\,777\,216$ 种。许多 24 bit 彩色图像是用 32 bit 存储的，附加的 8 bit 为 alpha 通道，其值称为 alpha 值，用于表示该像素如何产生特技效果。真彩色图像所需要的存储空间很大，而人的眼睛是很难分辨出这么多种颜色的，因此在许多场合往往用 $R{:}G{:}B{=}5{:}5{:}5$ 来表示，每个彩色分量占 5 bit，再加 1 bit 显示属性控制位共 2 B，生成的真颜色数为 $2^{15}{=}32\,768$ 种。

伪彩色。像素的颜色不是由每个基色分量的数值直接决定，而是把像素值当作查色表（Color Look-up Table, CLUT）（又称调色板）的表项入口地址，去查找对应的 R、G、B 强度值产生彩色。伪彩色不是图像本身真正的颜色。

直接色。每个像素值分成 R、G、B 分量，每个分量作为单独的索引值进行变换，也就是通过相应的彩色变换表找出基色强度，用变换后得到的 R、G、B 强度值产生的彩色称为直接色。

直接色与真彩色相比，相同之处是都采用 R、G、B 分量决定基色强度，不同之处是后者的基色强度直接用 R、G、B 决定，而前者的基色强度由 R、G、B 经变换后决定。

直接色与伪彩色相比，相同之处是都采用查色表，不同之处是前者对 R、G、B 分量分别进行变换，后者是把整个像素当作查色表的索引值进行彩色变换。

2.1.5 数字图像处理

图像处理是对图像进行分析、加工和处理，使其满足视觉、心理以及其他要求的技术。图像处理是信号处理在图像域上的一个应用。目前，大多数的图像以数字形式存储，因而图像处理很多情况下指数字图像处理。此外，基于光学理论的模拟图像处理方法依然占有重要的地位。图像处理是信号处理的子类，与计算机科学、人工智能等领域也有密切的关系。传统的一维信号处理的方法和概念很多仍然可以直接应用在图像处理上，比如降噪、量化等。然而，图像属于二维信号，和一维信号相比有其自身的特性，处理的方式和角度也有所不同。几十年前，图像处理大多数由光学设备在模拟模式下进行。这些光学方法由于本身所具有的并行特性，至今仍然在很多应用领域占有核心地位，例如全息摄影。但是由于计算机处理速度的大幅度提高，这些技术正在迅速被数字图像处理方法所替代。从通常意义上讲，数字图像处理技术更加普适、可靠和准确。比起模拟方法，它们也更容易实现。专用的硬件被用于数字图像处理，例如，基于流水线的计算机体系结构已取得了巨大的商业成功。硬件解决方案被广泛用于视频处理系统，但商业化的图像处理任务基本上仍以软件形式实现，运行在通用个人电脑上。因此，需要对数字图像处理技术进行深入学习和研究，以支撑应用的需要。

2.2 数字图像处理技术基础

本节主要介绍数字图像灰度直方图、图像的基本运算。本节的核心内容在于数字图像处理技术和运算的数学原理，并通过实例展示算法实现的效果。

2.2.1 数字图像灰度直方图

在数字图像处理中，图像的灰度直方图是一个简单而有用的工具，它反映了一幅图像的灰度级内容和图像可观的信息。

1. 灰度直方图的基本概念

灰度直方图是灰度级的函数，描述的是图像中每种灰度级像素的个数，反映图像中每种灰度级出现的频率[27]。以灰度级 i 为横坐标，以灰度级出现的频率 v_i 为纵坐标，绘制频率与灰度级的关系图就是灰度直方图。它是图像的重要特征之一，反映了图像灰度级分布的情况。

频率的计算式为

$$v_i = \frac{n_i}{n}$$

其中，n_i 是图像中灰度级为 i 的像素数，n 为图像的总像素数。

因此，图像灰度直方图可定义为，一个灰度级在[0, $L-1$]的数字图像的直方图是一个离散函数，即

$$h(r_k) = n_k$$

其中，n_k 是图像中灰度级为 r_k 的像素个数，r_k 是第 k 个灰度级，$k = 0,1,2,\cdots,L-1$。

还可定义为

$$p(r_k) = \frac{n_k}{n}$$

其中，n 是图像的像素总数，n_k 是图像中灰度级为 r_k 的像素个数，r_k 是第 k 个灰度级，$k = 0,1,2,\cdots,L-1$。

2. 灰度直方图的计算和性质

性质 2-1 位置缺失性，灰度直方图只能反映图像的灰度级分布情况，不能反映图像像素的位置。

性质 2-2 灰度直方图与图像的一对多特性，即一幅图像对应唯一的灰度直方图，但同

一个灰度直方图对应的图像并不唯一，如图 2.7 所示。

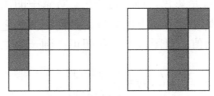

图 2.7　不同的图像具有相同的灰度直方图

性质 2-3　灰度直方图的可叠加性，一幅图像分成多个区域，多个区域的灰度直方图之和即为原图像的灰度直方图[3]。

3．灰度直方图的应用

灰度直方图处理可以用来判断图像的一些性质。明亮图像的直方图倾向于灰度级高的一侧；低对比度图像的直方图窄而集中于灰度级的中部；高对比度图像的直方图覆盖的灰度级很宽，而且像素的分布比较均匀。直观上来说，若一幅图像的像素占有全部可能的灰度级，并且分布均匀，则这样的图像有高对比度和多变的灰度色调。从概率的观点来理解，灰度级出现的频率可看作其出现的概率，这样直方图就对应于概率密度函数（Probability Density Function, PDF），而概率分布函数就是直方图的累积和，即概率密度函数的积分[27]。

灰度直方图具体应用如下。

（1）用于判断图像量化是否恰当

灰度直方图给出了一个直观的指标，用来判断数字化图像量化时是否合理地利用了全部允许的灰度级范围。一般来说，数字化获取的图像应该利用全部可能的灰度级。灰度直方图反映了图像的清晰程度，当灰度直方图均匀分布时，图像最清晰。如图 2.8 所示为两幅不同清晰度的图像及其对应的灰度直方图[1]。

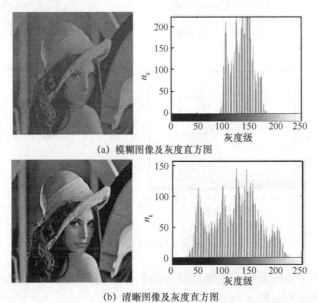

（a）模糊图像及灰度直方图

（b）清晰图像及灰度直方图

图 2.8　不同清晰度的图像以及对应的灰度直方图

（2）用于确定图像二值化的阈值

假设一幅图像 $f(x,y)$ 背景是黑色，物体为灰色。背景中的黑色像素产生了灰度直方图上的左峰，而灰色物体产生了灰度直方图上的右峰，从而在两峰之间形成谷，如图 2.9 所示。选择谷底对应的灰度级作为阈值 T 对图像二值化即可得到一幅二值图像 $g(x,y)$。

$$g(x,y) = \begin{cases} 0, f(x,y) < T \\ 1, f(x,y) \geq T \end{cases}$$

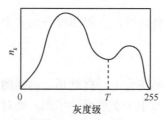

图 2.9　利用灰度直方图选择二值化的阈值

灰度直方图用于图像分割示例如图 2.10 所示。图 2.10（a）为原图，对其进行灰度化得到图 2.10（b）。图 2.10（b）的灰度直方图为图 2.10（c）。取直灰度方图波谷处的值 0.4 作为阈值对图像二值化，得到图 2.10（d）。

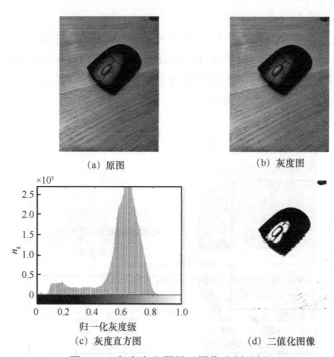

(a) 原图　　　　　　　　　　(b) 灰度图

(c) 灰度直方图　　　　　　　(d) 二值化图像

图 2.10　灰度直方图用于图像分割示例

（3）统计图像中物体的面积，当物体部分的灰度级比其他部分灰度级大时，可利用灰度直方图统计图像中物体的面积 A。

$$A = n\sum_{i \geq r} v_i$$

其中，n 为图像像素总数，v_i 为图像灰度级为 i 的像素出现的频率。

（4）计算图像信息量 H（熵）

假设一幅图像的灰度级范围为 $[0, L-1]$，各灰度级像素出现的概率分别为 $P_0, P_1, P_2, \cdots, P_{L-1}$，根据信息论可知，各灰度级像素具有的信息量分别为 $-\log P_0, -\log P_1, -\log P_2, \cdots, -\log P_{L-1}$。则该图像的平均信息量（熵）为

$$H = -\sum_{i=0}^{L-1} P_i \log P_i$$

熵反映了图像信息丰富的程度，它在图像编码处理中有重要意义。

2.2.2 直方图均衡化

直方图均衡化是将原图像通过某种变换，得到一幅灰度直方图均匀分布的新图像，增加像素灰度级的动态范围，提高图像对比度。

1．算法原理

以人眼视觉特性考虑，一幅图像的灰度直方图如果是均匀分布的，该图像色调给人的感觉比较协调。因此将原图像灰度直方图通过 $T(r)$ 变换为均匀分布的灰度直方图，这样修正后的图像更符合人眼视觉要求，计算式如下。

$$s_k = T(r_k) = (L-1)\sum_{j=0}^{k} p_r(r_j) = (L-1)\sum_{j=0}^{k} \frac{n_j}{n}, \quad k = 0,1,\cdots,L-1$$

其中，s_k 为第 k 个灰度级经变换后的灰度值，r 为待处理图像的灰度值，$p_r(r)$ 为随机变量的概率密度函数，n 为图像中像素的总数，n_j 为当前灰度级的像素个数，L 为图像中可能的灰度级总数。

2．算法实现

算法主要步骤如下。

① 输入目标图像 I；

② 统计目标图像的各灰度级个数 n_j；

③ 计算出各灰度级概率 $p_r(r)$；

④ 根据函数映射 $T(r)$，灰度值取整得到映射后的图像 I_{eq}。

例 2.3 假定有一幅总像素为 $n=128\times128$ 的图像，灰度级数为 8。表 2.1 展示了直方图均衡化计算过程，其中，$s_{k计}$ 由每个 r_k 经累加计算得到，对 $s_{k计}\times(L-1)=7\times s_{k计}$ 进行四舍五入得到 $s_{k并}$，由 r_k 经直方图均衡化得到 s_k，n_{sk} 为均衡化后各灰度级像素点统计数目，$p_k(s)$ 为均衡化后各灰度级的概率值。

表 2.1 灰度直方图均衡化计算示例

r_k	n_k	$p_r(r_k)=\dfrac{n_k}{n}$	$s_{k计}$	$s_{k并}$	s_k	n_{sk}/个	$p_k(s)$
$r_0=0$	4 096	0.25	0.25	2	$s_0=2$	4 096	0.25
$r_1=1$	3 277	0.20	0.45	3	$s_1=3$	3 277	0.20

（续表）

r_k	n_k	$p_r(r_k)=\dfrac{n_k}{n}$	$s_{k计}$	$s_{k并}$	s_k	n_{sk}/个	$p_k(s)$
$r_2=2$	4 588	0.28	0.73	5	$s_2=5$	4 588	0.28
$r_3=3$	1 638	0.10	0.83	6	$s_3=6$	2 785	0.17
$r_4=4$	1 147	0.07	0.9	6			
$r_5=5$	819	0.05	0.95	7	$s_4=7$	1 638	0.10
$r_6=6$	655	0.04	0.99	7			
$r_7=7$	164	0.01	1	7			

由上述分析可知，灰度直方图均衡化后仅存 5 个灰度级，宏观拉平，层次减少，对比度提高。图 2.11 展示了灰度直方图均衡化前后的图像及其灰度直方图对比。

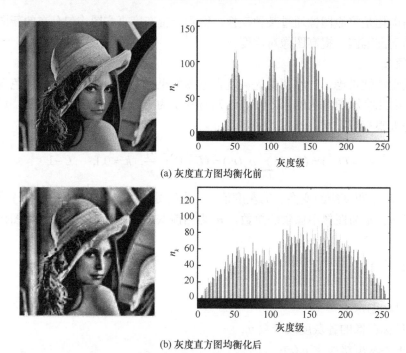

(a) 灰度直方图均衡化前

(b) 灰度直方图均衡化后

图 2.11　灰度直方图均衡化前后的图像及其灰度直方图对比

2.2.3　图像的基本运算

按图像处理运算的数学特征，图像基本运算可分为点运算（Point Operation）、代数运算（Algebra Operation）、逻辑运算（Logical Operation）和几何运算（Geometric Operation）[1, 27]。

1．点运算

点运算是指对一幅图像中每个像素点的灰度值进行计算的方法，实际上是灰度值到灰度值的映射过程。设输入图像为 $A(x,y)$，输出图像为 $B(x,y)$，则点运算可表示为

$$B(x,y)=f[A(x,y)]$$

显然，点运算不会改变图像内像素点之间的空间位置关系。

2．代数运算

代数运算是指将两幅或多幅图像通过对应像素之间的加、减、乘、除运算得到输出图像的方法。如果记输入图像为 $A(x,y)$ 和 $B(x,y)$，输出图像为 $C(x,y)$，则有如下 4 种代数运算形式。

$$C(x,y) = A(x,y) + B(x,y)$$
$$C(x,y) = A(x,y) - B(x,y)$$
$$C(x,y) = A(x,y) \times B(x,y)$$
$$C(x,y) = A(x,y) \div B(x,y)$$

（1）加运算

图像加运算的主要应用为去除叠加性噪声和生成图像叠加效果。

① 去除叠加性噪声

利用同一景物的多幅图像取平均、消除噪声。取 N 副图像相加求平均得到一幅新图像，一般选择 8 幅图像取平均。对于原图像 $f(x,y)$，其噪声图像集为 $\{g_i(x,y)\}$，$i=1,2,\cdots,N$。

$$g_i(x,y) = f(x,y) + e_i(x,y)$$

其中，$g_i(x,y)$ 表示混入噪声的图像，$e_i(x,y)$ 为随机噪声。N 个图像的均值定义为

$$\bar{g}(x,y) = \frac{1}{N}\sum_{i=1}^{N}[f_i(x,y)+e_i(x,y)] = f(x,y) + \frac{1}{N}\sum_{i=1}^{N}e_i(x,y)$$

② 生成图像叠加效果

两个图像 $f(x,y)$ 和 $h(x,y)$ 的均值为 $g(x,y) = \frac{1}{2}f(x,y) + \frac{1}{2}h(x,y)$，推广可得

$$g(x,y) = \alpha f(x,y) + \beta h(x,y)$$

其中，$\alpha + \beta = 1$。由上式可以得到各种图像合成的效果。图 2.12 展示了两幅图像叠加的效果。

(a) 图像 1　　　　　　　(b) 图像 2　　　　　　(c) 图像 1 与图像 2 叠加

图 2.12　图像叠加效果

（2）减运算

图像的减运算又称为减影技术，是指同一场景不同时间拍摄的图像或同一场景不同波段的图像进行相减。图像减运算可以提供图像间的差异信息，可用于指导动态监测、运动目标检测和跟踪、图像背景消除及目标识别等工作。在动态监测时，用差值图像可以发现森林火灾、洪水泛滥以及监测灾情变化、估计损失，也能用于监测河口、河岸的泥沙淤积及江河、湖泊、海岸等的污染。

图像减运算时必须使两相减图像的对应像素对应于空间同一目标点，否则必须先进行图像空间配准。图像减运算的主要应用有图像分离、差影法。

① 图像分离

图像的减运算可以去除不需要的叠加性图像。设背景图像为 $b(x,y)$，前景背景混合图像为 $f(x,y)$，$g(x,y)$ 为去除了背景的图像，则有

$$g(x,y) = f(x,y) - b(x,y)$$

图 2.13 展示了混合图像减去其中一幅图像得到另一幅图像的效果。

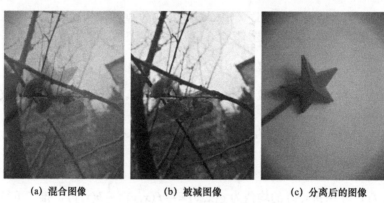

(a) 混合图像　　　　　(b) 被减图像　　　　　(c) 分离后的图像

图 2.13　混合图像的分离

② 差影法

图像减运算可用于检测同一场景两幅图像之间的变化。设时刻 1 的图像为 $T_1(x,y)$，时刻 2 的图像为 $T_2(x,y)$，则有

$$g(x,y) = T_2(x,y) - T_1(x,y)$$

差影法可用于指导动态监测、运动目标的检测和跟踪等。

（3）乘运算

图像乘运算可用于掩盖图像的某些部分。例如，使用掩模图像（需要被完整保留的区域在掩模图像上的值为 1，而需要掩盖的区域则值为 0）与原图像相乘，可掩盖图像的某些部分。图像乘运算的主要应用为图像的局部显示，也可以用于改变图像的灰度级。

（4）除运算

图像的除法运算可用于改变图像的灰度级，常用于遥感图像处理中，可产生对颜色和多光谱图像分析十分重要的比值图像。

3．逻辑运算

逻辑运算是指将两幅或多幅图像通过对应像素之间的与、或、非等逻辑运算得到输出图像的方法。在进行图像理解与分析的领域，该方法比较常用。它可以为图像提供模板，与其他运算方

法结合起来可以获得特殊的效果。图 2.14 展示了两幅二值图像的与、或和取反运算的直观效果。

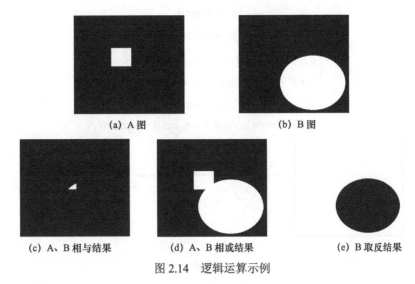

(a) A 图   (b) B 图

(c) A、B 相与结果   (d) A、B 相或结果   (e) B 取反结果

图 2.14　逻辑运算示例

4．几何运算

几何运算就是改变图像中物体对象（像素）之间的空间关系。从变换性质的角度，几何变换可以分为图像的位置变换（平移、镜像、旋转）、形状变换（放大、缩小）以及图像的复合变换等。

（1）图像的平移

图像的平移是指将图像的所有像素都按要求进行垂直或水平移动，从而改变图像在画布上的位置。如图 2.15 所示，假设像素点初始位置为 (x_0, y_0)，经 X 方向移动距离 Δx，经 Y 方向移动距离 Δy，得到新的位置 (x_1, y_1)。则两点之间关系为

$$\begin{cases} x_1 = x_0 + \Delta x \\ y_1 = y_0 + \Delta y \end{cases}$$

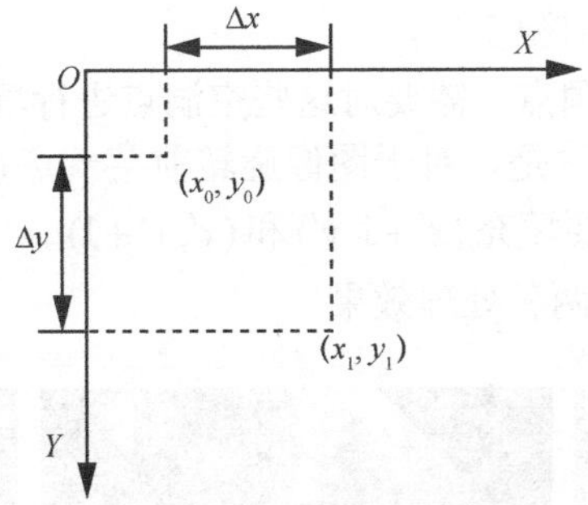

图 2.15　像素点的平移

（2）图像的旋转

图像的旋转是以图像的中心为原点，旋转一定的角度，即将图像上的所有像素都旋转一个相同的角度。图像的旋转变换属于图像的位置变换，旋转后，图像的大小一般会改变。和图像平移一样，在图像旋转变换中既可以把旋转出显示区域的图像截去，也可以扩大图像范围以显示完整的图像。

设点 $P_0(x_0, y_0)$ 旋转角度 θ 后的对应点为 $P(x, y)$，如图 2.16 所示。这一变换过程表示为

$$\begin{cases} x_0 = r\cos\theta \\ y_0 = r\sin\theta \end{cases}$$

$$\begin{cases} x = r\cos(\alpha - \theta) = r\cos\alpha \\ \cos\theta + r\sin\alpha\sin\theta = x_0\cos\theta + y_0\sin\theta \\ y = r\sin(\alpha - \theta) = r\sin\alpha \\ \cos\theta - r\cos\alpha\sin\theta = -x_0\sin\theta + y_0\cos\theta \end{cases}$$

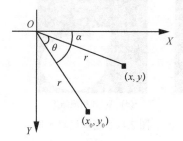

图 2.16　像素点的旋转

矩阵表示如下。

$$\begin{bmatrix} x \\ y \end{bmatrix} = \begin{bmatrix} \cos\theta & \sin\theta \\ -\sin\theta & \cos\theta \end{bmatrix} \begin{bmatrix} x_0 \\ y_0 \end{bmatrix}$$

图像旋转之后，由于数字图像的坐标值必须是整数，可能引起图像部分像素点的局部改变，因此图像的大小也会发生一定的改变。例如，图像旋转角 $\theta = 45°$ 时，变换关系为

$$\begin{cases} x = 0.707x_0 + 0.707y_0 \\ y = -0.707x_0 + 0.707y_0 \end{cases}$$

以原始图像的点 $(1, 1)$ 为例，旋转后坐标值均为小数，经四舍五入后为 $(1, 0)$，产生了位置误差。因此图像旋转后会发生细微变化。

图像旋转后会出现许多空洞点，需要对这些空洞点进行填充处理，一般称这种操作为插值处理。最简单的插值处理方法是，对于图像旋转前某一点 (x, y) 的像素点颜色，除了将其填充旋转后坐标 (x', y') 外，还要填充 $(x'+1, y')$ 和 $(x', y'+1)$。

图 2.17 展示了图像旋转的两种处理效果。

(a) 原图

(b) 旋转效果 1

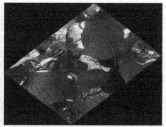

(c) 旋转效果 2

图 2.17　图像的旋转

（3）图像的缩放

数字图像的全比例缩放是指将给定的图像在 x 方向和 y 方向按相同的比例 a 缩放，从而获得一幅新的图像。

比例缩放前后两点 $A_0(x_0,y_0)$、$A_1(x_1,y_1)$ 之间的关系为

$$\begin{cases} x_1 = ax_0 \\ y_1 = ay_0 \end{cases}$$

用矩阵形式可表示为

$$\begin{bmatrix} x_1 \\ y_1 \\ 1 \end{bmatrix} = \begin{bmatrix} a & 0 & 0 \\ 0 & a & 0 \\ 0 & 0 & 1 \end{bmatrix}\begin{bmatrix} x_0 \\ y_0 \\ 1 \end{bmatrix}$$

$a<1$ 时表示缩小物体，$a>1$ 时表示放大物体，$a=1$ 时表示不缩放。以 $a=\dfrac{1}{2}$ 为例，即图像被缩小为原始图像的一半，如果原图是 6 像素×6 像素的图像，缩小后变为 3 像素×3 像素的图像。要使图像被缩小一半，根据目标图像和原始图像像素之间的关系，有两种缩小方法：① 取原图像的偶数行列组成新图像；② 取原图像的奇数行列组成新图像。

在图像放大的正变换中，会出现很多空格。因此，需要对这些空格填入适当的像素值。一般采用最邻近插值法和线性插值法。

（4）齐次坐标表示

齐次坐标表示就是使用 $n+1$ 维向量来表示 n 维向量。采用齐次坐标表示后，基本的旋转、平移、缩放变换具有相同的矩阵形式，便于使用统一的矩阵线性变换。

二维图像中的点坐标 (x,y) 表示成齐次坐标为 (H_x,H_y,H)，当 $H=1$ 时，则 $(x,y,1)$ 称为点 (x,y) 的规范化齐次坐标。由点的齐次坐标 (H_x,H_y,H) 求点的规范化齐次坐标 $(x,y,1)$ 为

$$x = \frac{H_x}{H}, y = \frac{H_y}{H}$$

采用齐次坐标表示的二维平移变换为

$$\begin{bmatrix} x_1 \\ y_1 \\ 1 \end{bmatrix} = \begin{bmatrix} 1 & 0 & \Delta x \\ 0 & 1 & \Delta y \\ 0 & 0 & 1 \end{bmatrix}\begin{bmatrix} x_0 \\ y_0 \\ 1 \end{bmatrix}$$

采用齐次坐标表示的二维旋转变换为

$$\begin{bmatrix} x_1 \\ y_1 \\ 1 \end{bmatrix} = \begin{bmatrix} \cos\theta & \sin\theta & 0 \\ -\sin\theta & \cos\theta & 0 \\ 0 & 0 & 1 \end{bmatrix}\begin{bmatrix} x_0 \\ y_0 \\ 1 \end{bmatrix}$$

采用齐次表示的缩放变换为

$$\begin{bmatrix} x_1 \\ y_1 \\ 1 \end{bmatrix} = \begin{bmatrix} a & 0 & 0 \\ 0 & a & 0 \\ 0 & 0 & 1 \end{bmatrix}\begin{bmatrix} x_0 \\ y_0 \\ 1 \end{bmatrix}$$

（5）图像的镜像变换

图像的镜像变换指原始图像相对于某一参照面旋转180°的图像，其不改变图像的形状。镜像变换分为两种，即水平镜像变换和垂直镜像变换。

① 水平镜像变换

图像的水平镜像变换是将图像左半部分和右半部分以图像垂直中轴线为中心进行镜像对换。如图2.18所示。设原始图像的宽为w，高为h，原始图像中的点为(x_0, y_0)，变换后的点为(x_1, y_1)。

图2.18　图像的水平镜像变换

用齐次矩阵表示为

$$\begin{bmatrix} x_1 \\ y_1 \\ 1 \end{bmatrix} = \begin{bmatrix} -1 & 0 & w \\ 0 & 1 & 0 \\ 0 & 0 & 1 \end{bmatrix} \begin{bmatrix} x_0 \\ y_0 \\ 1 \end{bmatrix}$$

② 垂直镜像变换

图像的垂直镜像变换是将图像上半部分和下半部分以图像水平中轴线为中心进行镜像对换，如图2.19所示。设原始图像的宽为w，高为h，原始图像中的点为(x_0, y_0)，变换后的点为(x_1, y_1)。

图2.19　图像的垂直镜像变换

用齐次矩阵表示为

$$\begin{bmatrix} x_1 \\ y_1 \\ 1 \end{bmatrix} = \begin{bmatrix} 1 & 0 & 0 \\ 0 & -1 & h \\ 0 & 0 & 1 \end{bmatrix} \begin{bmatrix} x_0 \\ y_0 \\ 1 \end{bmatrix}$$

2.3　图像增强

图像在传输或者处理过程中会引入噪声或使图像变模糊，从而降低图像质量，甚至掩盖特征，给分析带来困难。图像增强是通过一系列技术改善图像的视觉效果，或将图像转换成一种更适合于人或机器进行分析和处理的形式。图像增强的方法主要有以下两大类。

空间域增强。直接对图像的像素灰度值进行操作，常用方法包括图像的灰度变换、直方图修正、平滑和锐化处理、彩色增强等。

频域增强。对空间域图像进行频域变换，在图像的变换域中，对图像变换后的值进行操作，然后经逆变换获得所需的增强结果。常用方法包括低通滤波、高通滤波等。

2.3.1　灰度变换

本节重点介绍空间域增强方法中的灰度变换。灰度变换是指根据某种目标条件按一定变换关系逐点改变原图像中每一个像素灰度值的方法。目的是改善画质，使图像的显示效果更加清晰。图像的灰度变换是图像增强处理技术中的一种非常基础、直接的空间域图像处理方法，也是图像数字化软件和图像显示软件的一个重要组成部分。

设输入灰度图像为 $f(x,y)$，输出灰度图像为 $g(x,y)$，则图像灰度变换可表示为

$$g(x,y) = T[f(x,y)]$$

若令 $f(x,y)$ 和 $g(x,y)$ 在任意点 (x,y) 的灰度值分别为 r 和 s，则灰度变换函数可简化为 $s = T[r]$。灰度变换方法分为线性灰度变换、分段线性灰度变换、非线性灰度变换。

1．线性灰度变换

输出灰度值与输入灰度值呈线性关系的点运算。即

$$s = f(r) = ar + b$$

其中，r 为输入灰度值，s 为输出灰度值。如图 2.20 所示，线性灰度变换为一条直线。

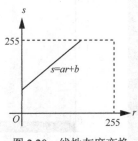

图 2.20　线性灰度变换

（1）如果 $a > 1$，则输出的图像对比度增大，如图 2.21 所示。

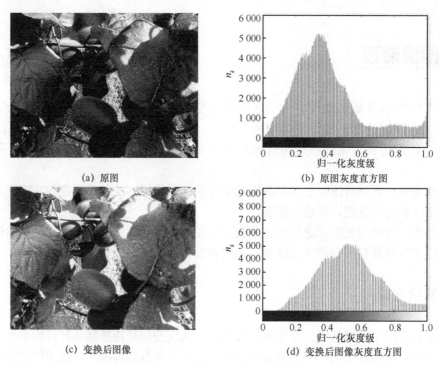

(a) 原图

(b) 原图灰度直方图

(c) 变换后图像

(d) 变换后图像灰度直方图

图 2.21　线性灰度变换（$a>1$）

（2）如果 $0 \leqslant a < 1$，则输出的图像对比度减小，如图 2.22 所示。

(a) 原图

(b) 原图灰度直方图

(c) 变换后图像

(d) 变换后图像灰度直方图

图 2.22　线性灰度变换（$0 \leqslant a < 1$）

（3）如果 $a=1$，$b\neq0$，则操作仅使所有像素的灰度值上移或下移，其效果是使整个图像更暗或更亮。

（4）如果 $a=1$，$b=0$，则为恒等灰度变换，即输出、输入图像相同，如图 2.23 所示。

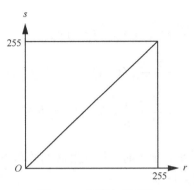

图 2.23　恒等灰度变换

（5）如果 $a<0$，则为反转灰度变换，即暗区域将变亮，亮区域将变暗，如图 2.24 和图 2.25 所示。

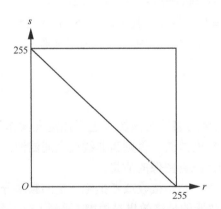

图 2.24　反转灰度变换

(a) 原图　　　　　　　(b) 反转灰度变换后图像

图 2.25　反转灰度变换示例

2．分段线性灰度变换

为了突出感兴趣目标所在的灰度区间，抑制那些不感兴趣的灰度区间，可采用分段线性变换对图像进行处理。

设原图像 $f(x,y)$ 的灰度值范围为 $[0,L_f]$，感兴趣目标的灰度值范围为 $[a,b]$，欲使其灰度值范围变换到 $[c,d]$，变换后图像 $g(x,y)$ 的灰度值范围为 $[0,L_g]$，则对应的分段线性变换表达式为

$$g(x,y) = \begin{cases} \dfrac{c}{a}f(x,y), 0 \leqslant f(x,y) < a \\ c + \dfrac{d-c}{b-a}[f(x,y)-a], a \leqslant f(x,y) < b \\ d + \dfrac{L_g-d}{(L_f-b)}[f(x,y)-b], b \leqslant f(x,y) \leqslant L_f \end{cases}$$

当 $[a,b]$ 之间的变换直线斜率大于 1 时，该灰度区间的动态范围增加，即对比度增强，而另外两个灰度区间的动态范围被压缩。

3．非线性灰度变换

当用某些非线性函数，如对数函数、指数函数等，作为映射函数时，可实现图像灰度的非线性变换。

对数变换通用形式为 $s = c\log(1+r)$，其中，c 是常数。

指数变换通用形式为 $s = b^{c(r-a)} - 1$，其中，a、b、c 是常数。

幂律变换的基本形式为 $s = cr^\gamma$，其中，c、r 为正常数

2.3.2　空间滤波

空间滤波是指在某个像素的邻域对该像素进行预定义操作的过程。如果该操作是线性的，则称该滤波过程为线性空间滤波，否则为非线性空间滤波。空间滤波是一种采用滤波处理的图像增强方法，其目的是改善图像的质量。

滤波一词借用于频域处理，是指接收或者拒绝一定的频率分量。例如，通过低频的滤波器称为低通滤波器。低通滤波器的最终效果是模糊（平滑）一幅图像。可以用空间滤波器（也称为空间掩模、核、模、模板或窗口）直接作用于图像本身而完成类似的平滑。事实上，线性空间滤波与频域滤波之间存在一一对应关系。

空间滤波器由对一个邻域（典型地为一个较小的矩形）包围的图像像素执行预定义操作组成。滤波产生一个新像素，新像素的坐标等于邻域中心的坐标，像素的值是滤波操作的结果。滤波器的中心访问输入图像中的每一个像素，就生成了滤波后的图像。如果在图像像素上执行的是线性操作，则称为线性空间滤波器。否则，称为非线性空间滤波器。

图 2.26 为 3×3 的线性滤波器模板，其线性滤波的机理为：在图像中的任意一点 (x,y)，滤波器的响应 $g(x,y)$ 是滤波器系数与由该滤波器包围的图像像素的乘积之和。

$$\begin{aligned} g(x,y) = &\, w_1 f(x-1,y-1) + w_2 f(x-1,y) + w_3 f(x-1,y+1) + \\ &\, w_4 f(x,y-1) + w_0 f(x,y) + w_5 f(x,y+1) + \\ &\, w_6 f(x+1,y-1) + w_7 f(x+1,y) + w_8 f(x+1,y+1) \end{aligned}$$

w_1	w_2	w_3
w_4	w_0	w_5
w_6	w_7	w_8

$f(x-1,y-1)$	$f(x-1,y)$	$f(x-1,y+1)$
$f(x,y-1)$	$f(x,y)$	$f(x,y+1)$
$f(x+1,y-1)$	$f(x+1,y)$	$f(x+1,y+1)$

图 2.26　3×3 线性滤波器模板

很明显，滤波器的中心系数 w_0 对应位置 (x,y) 的像素。对于一个大小为 $m \times n$ 的模板，假设 $m=2a+1$，$n=2b+1$，其中 a 和 b 为正整数。我们关注的是奇数尺寸的滤波器，其中最小尺寸为 3×3。一般来说，使用 $m \times n$ 的滤波器对大小为 $M \times N$ 的图像进行线性空间滤波，可表示为

$$g(x,y) = \sum_{s=-a}^{a} \sum_{t=-b}^{b} w(s,t) f(x+s, y+t)$$

其中，x, y 是可变的，以便 w 中的每一个像素可以访问 f 中的每一个像素。

2.3.3　平滑空间滤波

平滑处理用于模糊图像和降低噪声。平滑空间滤波器分为两类：平滑线性空间滤波器和平滑非线性空间滤波器。

1．平滑线性空间滤波器

平滑线性空间滤波器的输出是包含在滤波器模板邻域内的像素的平均值。这种滤波器也称为均值滤波器。平滑滤波器使用模板确定的邻域内像素的平均灰度值代替图像中的每一个像素值，这种处理降低了图像灰度的"尖锐"变化。均值滤波器的主要应用是去除图像中的不相关细节，其中，"不相关"是指与滤波器模板尺寸相比较小的像素区域。

均值滤波器的数学含义可表示为

$$g(x,y) = \frac{1}{M} \sum_{(i,j) \in S_{xy}} f(i,j)$$

其中，$x, y = 0, 1, \cdots, N-1$，S_{xy} 是以 (x,y) 为中心的邻域的集合，M 是 S_{xy} 内的像素数。

（1）简单平均值

假设要将图像中的像素替换为以这些像素为中心的 3×3 邻域中的 9 个灰度值之和除以 9，令 $z_i (i=1,2,\cdots,9)$ 表示这些灰度，那么平均灰度为

$$R = \frac{1}{9} \sum_{i=1}^{9} z_i$$

简单平均值是指滤波器模板中所有系数都取相同值。对于 3×3 的平滑滤波器，滤波器模板如图 2.27（a）所示。

使用系数为 $\frac{1}{9}$ 的 3×3 模板进行线性滤波操作可实现像素的简单平均，实现图像平滑。不难发现，简单平均值对邻域内所有像素点都同等对待。在"分摊"噪声的同时，将物体边界点的灰度也分摊了。

（2）加权均值

为了克服简单平均值的局限性，在均值模板中引入加权系数，不同的像素点的重要性不同，这样就给不同的像素引入权值，以区分邻域中不同位置像素对输出像素值的影响，常称其为加权模板，如图 2.27（b）所示。加权均值滤波器的一般形式为

$$g(x,y)=\dfrac{\displaystyle\sum_{s=-a}^{a}\sum_{t=-b}^{b}w(s,t)f(x+s,y+t)}{\displaystyle\sum_{s=-a}^{a}\sum_{t=-b}^{b}w(s,t)}$$

```
1 1 1            1 2 1
1 1 1            2 4 2
1 1 1            1 2 1
```
(a) 简单平均值滤波器模板   (b) 加权均值滤波器模板

图 2.27 3×3 平滑滤波器模板

例 2.4 对一幅 5×5 的图像，分别用模板大小为 3×3 的简单平均值滤波和加权均值滤波对图像进行平滑操作。

简单平均值滤波为

$$
\begin{array}{ccccc}
1 & 1 & 1 & 1 & 1 \\
1 & 1 & 1 & 1 & 1 \\
1 & 1 & 10 & 1 & 1 \\
1 & 1 & 1 & 1 & 1 \\
1 & 1 & 1 & 1 & 1 \\
\end{array}
\xrightarrow{3\times3}
\begin{array}{ccccc}
1 & 1 & 1 & 1 & 1 \\
1 & 2 & 2 & 2 & 1 \\
1 & 2 & 2 & 2 & 1 \\
1 & 2 & 2 & 2 & 1 \\
1 & 1 & 1 & 1 & 1 \\
\end{array}
$$

加权均值滤波为

$$
\begin{array}{ccccc}
1 & 1 & 1 & 1 & 1 \\
1 & 1 & 1 & 1 & 1 \\
1 & 1 & 10 & 1 & 1 \\
1 & 1 & 1 & 1 & 1 \\
1 & 1 & 1 & 1 & 1 \\
\end{array}
\xrightarrow{3\times3}
\begin{array}{ccccc}
1 & 1 & 1 & 1 & 1 \\
1 & \frac{25}{16} & \frac{34}{16} & \frac{25}{16} & 1 \\
1 & \frac{34}{16} & \frac{52}{16} & \frac{34}{16} & 1 \\
1 & \frac{25}{16} & \frac{34}{16} & \frac{25}{16} & 1 \\
1 & 1 & 1 & 1 & 1 \\
\end{array}
$$

对输入像素坐标为(1, 1)的 3×3 邻域内求标准像素平均值，得到 $R=\dfrac{1\times8+10}{9}=2$。同理可滤波其他像素点。可以明显看出，滤波操作消除了输入图像中心点坐标(3, 3)的尖锐现象。对于 3×3 加权平均滤波，对输入像素坐标(1, 1)，$R=\dfrac{(4+2\times4+10+3)}{16}=\dfrac{25}{16}$。同理可滤波其他像素点。简单平均值滤波处理噪声平滑效果更好些，边界模糊效果明显。加权均值滤波边界模糊的效果不明显。均值滤波处理的一个重要应用就是，为了对感兴趣的物体得到一个粗略的描述而模糊一幅图像，这样较小物体的强度与背景混合在一起，较大物体变得像斑点从而更易于检测。掩模大小由那些需要融入背景的物体的尺寸来决定。

2. 平滑非线性滤波器

统计排序滤波器是一种平滑非线性滤波器，其响应以滤波器包围的图像像素的排序为基础，然后使用统计排序结果所决定的值代替中心像素的值。

非线性滤波器中最著名的是中值滤波器，它是用像素邻域内的灰度值的中值代替该像素的值。中值滤波器对于处理脉冲噪声非常有效，脉冲噪声又称为椒盐噪声，因为这种噪声是以黑白点的形式叠加在图像上的。中值滤波器的主要功能是使不同灰度的点看起来更接近它们的相邻点。

中值滤波将邻域中的像素灰度值按大小排序，取其中间值输出。

$$g(x,y) = \underset{(s,t) \in S_{xy}}{\text{Med}} \{f(s,t)\}$$

其中，$\{f(s,t)\}$ 为窗口 S_{xy} 内所有像素灰度值按大小排序后的一维数据序列。可以使用 $m \times m$ 的中值滤波器去除那些相对于其邻域像素更亮或更暗，并且其区域小于 $\dfrac{m^2}{2}$（滤波器区域一半）的孤立像素族。

2.3.4 锐化空间滤波

锐化处理的主要目的是突出灰度的过渡部分。图像锐化的用途多种多样，应用范围包括电子印刷、医学成像、工业检测等。图像模糊可通过在空间域用像素邻域平均法来实现，因为均值处理与积分类似，在逻辑上，可以得出锐化处理可由空间微分来实现这一结论。微分算子的响应强度与图像在用算子操作的这一点的突变程度成正比，这样，图像微分增强边缘和其他突变（如噪声），而削弱灰度变化缓慢的区域。

函数的微分可以用不同术语定义，也有各种方法定义这些差别。然而，对于一阶微分的任何定义都必须保证以下几点[27]：（1）在恒定灰度区域的微分值为零，（2）在灰度台阶或斜坡处微分值非零，（3）沿着斜坡的微分值非零。因为处理的是数字量，其值是有限的，故最大灰度级的变化也是有限的，并且变化的最短距离是在两相邻像素之间[27]。

对于一维函数 $f(x)$，由泰勒级数推导可得其一阶微分的基本定义差值为

$$\frac{\partial f}{\partial x} = f(x+1) - f(x)$$

其中，为了与二维图像函数 $f(x, y)$ 的微分保持一致，使用了偏导符号。对于二维函数，将沿着两个空间轴处理偏微分。

将二阶微分定义为差分形式，即

$$\frac{\partial^2 f}{\partial x^2} = f(x+1) + f(x-1) - 2f(x)$$

图像的一阶微分会产生较粗的边缘。例如，灰度值从一个较高值逐渐过渡到较低的值，这个过程中，一阶微分所得的值可能是非零的，而二阶微分的值可能是零。二阶微分在值为零的地方会产生一个像素的双边缘。由此可以得出结论，二阶微分在增强细节方面要比一阶微分好得多，这是一个适合锐化图像的理想特性。

1. 拉普拉斯滤波器

下面考虑二维函数二阶微分的实现以及在图像锐化处理中的应用。使用二阶微分进行图像锐化的基本思路是，先定义一个二阶微分的离散公式，然后构造一个基于该公式的滤波器模板，最后把该模板与原图片卷积，从而实现锐化。

我们关注的是一种各向同性的滤波器，这种滤波器的响应与滤波器作用的图像的突变方向无关。也就是说，各向同性滤波器是旋转不变的，即将原图像旋转后进行滤波处理，与先对图像滤波再旋转的结果应该是相同的。

最简单的各向同性微分算子是拉普拉斯算子。一个二维图像函数 $f(x, y)$ 的拉普拉斯算子定义为

$$\nabla^2 f = \frac{\partial^2 f}{\partial x^2} + \frac{\partial^2 f}{\partial y^2}$$

因为任意阶微分都是线性操作，所以拉普拉斯变换也是一个线性算子。为了从离散形式进行描述，使用二阶微分进行推导。

$$\frac{\partial^2 f}{\partial x^2} = f(x+1, y) + f(x-1, y) - 2f(x, y)$$

$$\frac{\partial^2 f}{\partial y^2} = f(x, y+1) + f(x, y-1) - 2f(x, y)$$

因此，有

$$\nabla^2 f = \frac{\partial^2 f}{\partial x^2} + \frac{\partial^2 f}{\partial y^2} = f(x+1, y) + f(x-1, y) + f(x, y+1) + f(x, y-1) - 4f(x, y)$$

图 2.28(a)的滤波器模板可以实现拉普拉斯算子[27]，这个模板给出了以 90°为增量进行旋转的一个各向同性结果。实现机理与线性平滑滤波器一样，只是使用了不同的系数。对角线方向也可以由以下方式得到，在拉普拉斯变换的定义中，由于每个对角线方向上的项还包含一个 $-2f(x, y)$，所以从不同方向的项中总共应该减去 $-8f(x, y)$，图 2.28(b)所示为这一新定义的模板，这个模板对 45°增幅的结果是各向同性的。在实践中还可以见到图 2.28(c)和图 2.28(d)所示的拉普拉斯模板，它们是用二阶微分定义得到的，只是其中的 1 变为 -1[27]。

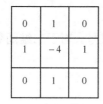

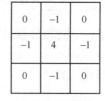
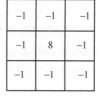

(a) 滤波器模板　　　(b) 新定义模板　　　(c) 拉普拉斯模板一　　　(d) 拉普拉斯模板二

图 2.28　几种拉普拉斯滤波器模板

由于拉普拉斯算子是一种微分算子，因此其应用强调的是图像中的灰度突变，而不强调灰度级缓慢变化的区域。将原图像和拉普拉斯图像叠加在一起，可以复原背景特性并保持拉普拉斯锐化处理的效果。如果所使用的模板定义了负的中心系数，那么必须将原图像减去经拉普拉斯变换后的图像，而不是相加，从而得到锐化后的结果。使用拉普拉斯对图像增强的

基本方法可以表示为

$$g(x, y) = f(x, y) + [\nabla^2 f(x, y)]$$

其中，$f(x, y)$ 和 $g(x, y)$ 分别是输入图像和锐化后的图像。拉普拉斯算子的优点是可以利用零交叉的性质进行边缘定位，可以确定一个像素在边缘暗的一边还是亮的一边。拉普拉斯算子的不足在于对噪声具有敏感性，其幅值会产生双边缘，并且不能检测边缘的方向。

2. 锐化空间滤波器——常用的梯度算子

图像处理中的一阶微分是用梯度幅值来实现的。对于函数 $f(x, y)$，f 在坐标 (x, y) 处的梯度定义为二维列向量。

$$\nabla f \equiv \mathbf{grad}(f) \equiv \begin{bmatrix} g_x\ g_y \end{bmatrix} = \left[\dfrac{\partial f}{\partial y}\ \dfrac{\partial f}{\partial y} \right]$$

该向量具有重要的几何特性，指出了在位置 (x, y) 处 f 的最大斜率的方向，可以反映图像边缘上的灰度变化；可以把图像看成二维离散函数，图像梯度其实就是二维离散函数的求导。

向量的幅度值（长度）表示为 $M(x, y)$，即

$$M(x, y) = \mathrm{mag}(\nabla f) = \sqrt{g_x{}^2 + g_y{}^2}$$

$M(x, y)$ 是梯度向量方向变化率在 (x, y) 处的值。计算 f 中每个像素点的 $M(x, y)$ 值，可得到与原图像大小相同的图像，即 $M(x, y)$ 是当 x 和 y 允许在 f 中的所有像素位置变化时产生的。在实践中，计算 $M(x, y)$ 得到的图像通常称为梯度图像（或梯度）。

因为梯度向量的分量是微分，所以它是线性算子。然而，该向量的幅度不是线性算子，因为求幅度是做平方和平方根操作。另一方面，上面定义的梯度不是旋转不变的，即各向异性，而梯度向量的幅度是旋转不变的，即各向同性。在某些实现中，用绝对值来近似平方和平方根的操作更适于计算。

$$M(x, y) \approx \left| g_x \right| + \left| g_y \right|$$

该表达式仍保留了灰度的相对变化，但是通常丢失了各向同性特性。然而，就像拉普拉斯变换那样，离散梯度的各向同性仅在有限旋转增量的情况下被保留了，它依赖于所使用的近似微分的滤波器模板。

与拉普拉斯算子类似，对由绝对近似平方和平方根操作而得的 $M(x, y)$ 定义一个离散近似，并由此形成合适的滤波模板。图 2.29（a）表示一个 3×3 区域内图像点的灰度。例如，令中心点 z_5 表示 (x, y) 处的 $f(x, y)$，z_1 表示 $f(x-1, y-1)$。那么对本节定义的一阶微分的最简单近似是 $g_x = (z_8 - z_5)$ 和 $g_y = (z_6 - z_5)$。

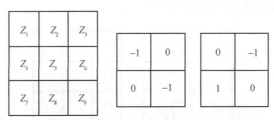

(a) 一幅图像的3×3区域　　　(b) Roberts 交叉算子

图 2.29　图像灰度值与 Roberts 交叉算子

（1）Roberts 交叉算子

在早期的数字图像处理研究中，Roberts 提出的 g_x 和 g_y 的定义使用的是交叉差分。

$$g_x = (z_9 - z_5), \quad g_y = (z_8 - z_6)$$

进一步地，计算梯度图像为

$$M(x,y) = [(z_9 - z_5)^2 + (z_8 - z_6)^2]^{\frac{1}{2}} \approx |z_9 - z_5| + |z_8 - z_6|$$

其中，所需的偏微分项可以用图 2.29（b）的两个滤波器模板来实现，这两个模板称为 Roberts 交叉算子，其图像处理的效果如图 2.30 所示。

图 2.30　Roberts 交叉算子的图像处理效果

（2）Prewitt 算子

Roberts 交叉算子的尺寸是 2×2，待处理的像素不能位于模板的中心，不适用于关于中心对称的模板计算边缘方向的情况（适用于这一情况的最小模板尺寸是 3×3）。要考虑中心点对端数据的性质，并携带有关于边缘方向的更多信息，用大小为 3×3 的模板来近似偏导数的最简单公式为

$$g_x = \frac{\partial f}{\partial x} = (z_7 + z_8 + z_9) - (z_1 + z_2 + z_3)$$

$$g_y = \frac{\partial f}{\partial y} = (z_3 + z_6 + z_9) - (z_1 + z_4 + z_7)$$

其中，3×3 区域的第三行和第一行之差近似为 x 方向的导数，第三列和第一列之差近似为 y 方向的导数。上述过程可以用图 2.31 中的两个模板滤波整个图像来实现。这两个模板称为 Prewitt 算子，其图像处理效果如图 2.32 所示。

-1	-1	-1
0	0	0
1	1	1

-1	0	1
-1	0	1
-1	0	1

图 2.31　Prewitt 算子

图 2.32　Prewitt 算子的图像处理效果

（3）Sobel 算子

Sobel 算子是在 Prewitt 算子基础上做一个小的变化而得到的，即中心系数使用权值 2。

$$g_x = \frac{\partial f}{\partial x} = (z_7 + 2z_8 + z_8) - (z_1 + 2z_2 + z_3)$$

$$g_y = \frac{\partial f}{\partial y} = (z_3 + 2z_6 + z_9) - (z_1 + 2z_4 + z_7)$$

可以证明，中心系数使用权值 2 可以平滑图像。图 2.33 为 Sobel 算子[27]。

-1	-2	-1
0	0	0
1	2	1

-1	0	1
-2	0	2
-1	0	1

图 2.33　Sobel 算子

Sobel 中心系数使用权值 2，通过突出中心点的作用而达到平滑的目的。模板中的系数总和为 0，这表明灰度恒定区域的响应为 0。Sobel 算子的图像处理效果如图 2.34 所示。

图 2.34　Sobel 算子的图像处理效果

2.4　图像变换

除了能够在空间域表达图像，并实施相应的处理外，还可以运用数学变换，将在空间域表示的图像变换到其他完备的域中（相对于空间域，称其他完备域为变换域），在变换域表示图像或完成对图像所需的处理。

为减小信号相关性，减少计算量，获得更有效的处理，图像变换通常是一种二维正交变换。一般要求如下。

（1）正交变换必须是可逆的，保证图像数据在变换域进行必要的处理后还能变换回空间域，因为图像的显示是以空间域数据为基础的。

（2）正变换和逆变换的算法不能太复杂。

（3）在变换域中，图像能量将集中分布在低频率成分上，边缘、噪声等信息反映在高频率成分上，有利于图像处理。

变换后的图像，大部分能量都分布在低频谱段，这对图像的压缩和传输都比较有利，使运算次数和时间减少。因此，正交变换广泛应用于图像增强、图像恢复、特征提取、图像压缩编码和形状分析等方面。

2.4.1 傅里叶变换

信号时域分析是分析信号随时间的变化，例如体温监测图即监测体温随时间变化。时域分析反映在图形上最明显的特征就是横轴以时间为变量，纵轴因描述变量的不同而不同。时域分析只能反映信号的幅值随时间的变化情况。

频域分析反映在图形上，横轴是频率，纵轴是频率信号的幅度。频域分析得到的信号频谱代表了不同频率分量的大小，能够提供比时域信号更直观、更丰富的信息。

将时域信号经过一种非常重要的数学变换——傅里叶变换（Fourier Transformation, FT），就可以转化到频域，得到信号的频谱，这就是频谱分析；反过来，也可以将频域信号通过逆傅里叶变换，转化为时域信号。空间域亦是如此。

我们可以将傅里叶变换比作一个玻璃棱镜。棱镜是可以将光分解为不同颜色的物理仪器，每个成分的颜色由波长（或频率）来决定。傅里叶变换可以看作数学上的棱镜，将函数基于频率分解为不同的成分。当我们考虑光时，主要是讨论它的光谱或频率谱。同样，傅里叶变换使我们能通过频率成分来分析一个函数。

傅里叶变换是一种线性的积分变换，通常用于将信号从时域（或空间域）变换到频域，在物理学和工程学中有许多应用。在不同的研究领域，傅里叶变换具有多种不同的变体形式，如连续傅里叶变换和离散傅里叶变换。最初，傅里叶分析是作为热过程的解析分析的工具被提出的。

1．一维傅里叶变换
（1）一维连续傅里叶变换

令 $f(x)$ 为实变量 x 的连续函数，$f(x)$ 的傅里叶变换以 $\Im\{f(x)\}$（通常是复函数）表示，则表达式为

$$\Im\{f(x)\} = F(u) = \int_{-\infty}^{\infty} f(x)e^{-j2\pi ux}dx$$

其中，$j=\sqrt{-1}$。将欧拉公式

$$e^{j\theta} = \cos\theta + j\sin\theta$$

代入以上傅里叶变换表达式中，可得

$$F(u) = \int_{-\infty}^{\infty} f(x)[\cos(2\pi ux) - j\sin(2\pi ux)]dx$$

其中，变量 u 通常称为频率变量。这个名称的由来是：用欧拉公式表示傅里叶变换表达式中的指数项，如果将表达式中的积分解释为离散项和的极限，则显然，$F(u)$ 包含了正弦项和余弦项的无限项的和，而且 u 的每一个值确定了它所对应的正弦-余弦对的频率。

若已知 $F(u)$，则傅里叶逆变换为

$$f(x) = \mathfrak{I}^{-1}\{F(u)\} = \int_{-\infty}^{\infty} F(u)e^{j2\pi ux}du$$

傅里叶变换表达式和逆变换表达式称为傅里叶变换对。如果函数 $f(x)$ 是连续且可积的，$F(u)$ 是可积的，则可证明此傅里叶变换对存在。事实上，这些条件几乎总是满足的。

通常，$f(x)$ 是实函数，它的傅里叶变换 $F(u)$ 通常是复函数。$F(u)$ 的实部、虚部、振幅、能量和相位分别定义如下。

实部：　$R(u) = \int_{-\infty}^{+\infty} f(x)\cos(2\pi ux)dx$

虚部：　$I(u) = -\int_{-\infty}^{+\infty} f(x)\sin(2\pi ux)dx$

振幅：　$|F(u)| = [R^2(u) + I^2(u)]^{\frac{1}{2}}$

能量：　$E(u) = |F(u)|^2 = R^2(u) + I^2(u)$

相位：　$\phi(u) = \arctan\dfrac{I(u)}{R(u)}$

（2）一维离散傅里叶变换

假设以间隔 Δx 对一个连续函数 $f(x)$ 均匀采样，将其离散化为一个序列 $\{f(x_0), f(x_0 + \Delta x), \cdots, f[x_0 + (N-1)\Delta x]\}$，将该序列元素表示为

$$f(x) = f(x_0 + x\Delta x)$$

其中，x 为离散值 $0, 1, 2, \cdots, N-1$。换言之，序列 $\{f(0), f(1), \cdots, f(N-1)\}$ 表示取自连续函数 $f(x)$ 中 N 个等间距的采样值。

被采样函数的离散傅里叶变换（Discrete FT, DFT）定义为

$$F(u) = \sum_{x=0}^{N-1} f(x)e^{-\frac{j2\pi ux}{N}}$$

其中，$u = 0, 1, 2, \cdots, N-1$。

$F(u)$ 的逆傅里叶变换定义为

$$f(x) = \frac{1}{N}\sum_{u=0}^{N-1} F(u)e^{\frac{j2\pi ux}{N}}$$

其中，$x = 0, 1, 2, \cdots, N-1$。

将欧拉公式代入离散傅里叶变换表达式，可得离散傅里叶变换的另一种形式。

$$F(u) = \sum_{x=0}^{N-1} f(x)[\cos\frac{2\pi ux}{N} - \mathrm{j}\sin\frac{2\pi ux}{N}]$$

其中，$u = 0,1,2,\cdots,N-1$。特别地，当 $u=0$ 时，$F(0) = \sum_{x=0}^{N-1} f(x)$。

以上欧拉公式代入的变换形式表明，每个 $F(u)$ 由 $f(x)$ 与对应频率的正弦和余弦的乘积和组成，u 值决定了变换的频率成分，因此，$F(u)$ 覆盖的域（即 u 值）称为频域，其中每一项（$u = 0,1,2,\cdots,N-1$）都是傅里叶变换的频域分量。它与 $f(x)$ 的"时域"和"时间成分"相对应。

2. 二维傅里叶变换

（1）二维连续傅里叶变换

一维傅里叶变换很容易推广到二维的情况。如果 $f(x,y)$ 是连续且可积的，$F(u,v)$ 是可积的，则存在如下二维傅里叶变换对。

傅里叶变换

$$\Im\{f(x,y)\} = F(u,v) = \int_{-\infty}^{\infty}\int_{-\infty}^{\infty} f(x,y)\mathrm{e}^{-\mathrm{j}2\pi(ux+vy)}\mathrm{d}x\mathrm{d}y$$

逆傅里叶变换

$$\Im^{-1}\{F(u,v)\} = f(x,y) = \int_{-\infty}^{\infty}\int_{-\infty}^{\infty} F(u,v)\mathrm{e}^{\mathrm{j}2\pi(ux+vy)}\mathrm{d}u\mathrm{d}v$$

其中，u,v 是频率变量。

与一维的情况相同，二维函数的傅里叶振幅、相位、能量分别定义如下。

傅里叶振幅

$$|F(u,v)| = [R^2(u,v) + I^2(u,v)]^{\frac{1}{2}}$$

相位

$$\phi(u,v) = \arctan\frac{I(u,v)}{R(u,v)}$$

能量

$$E(u,v) = R^2(u,v) + I^2(u,v)$$

（2）二维离散傅里叶变换

在二维的情况下，离散的傅里叶变换对表示如下。

傅里叶变换

$$F(u,v) = \sum_{x=0}^{M-1}\sum_{y=0}^{N-1} f(x,y)\mathrm{e}^{-\mathrm{j}2\pi\left(\frac{ux}{M} + \frac{vy}{N}\right)}$$

其中，$u = 0,1,2,\cdots,M-1, v = 0,1,2,\cdots,N-1$。

逆傅里叶变换

$$f(x,y) = \frac{1}{MN}\sum_{u=0}^{M-1}\sum_{v=0}^{N-1}F(u,v)e^{j2\pi\left(\frac{ux}{M}+\frac{vy}{N}\right)}$$

其中，$x = 0,1,2,\cdots,M-1, y = 0,1,2,\cdots,N-1$。

对二维连续函数的采样，是在 X 轴和 Y 轴上分别以宽度 Δx 和 Δy 等间距划分为若干格网点。同一维的情况一样，离散函数 $f(x,y)$ 表示函数在 $(x_0 + x\Delta x, y_0 + y\Delta y)$ 点的采样，对 $F(u,v)$ 也同样有类似的解释。在空间域和频域中的采样关系为

$$\Delta u = \frac{1}{M\Delta x}, \quad \Delta v = \frac{1}{N\Delta y}$$

2.4.2　数字图像处理中的傅里叶变换

在数字图像处理中，一个图像尺寸为 $M\times N$ 的函数 $f(x,y)$ 的二维离散傅里叶变换定义为

$$F(u,v) = \sum_{x=0}^{M-1}\sum_{y=0}^{N-1}f(x,y)e^{-j2\pi\left(\frac{ux}{M}+\frac{vy}{N}\right)}$$

其中，$u = 0,1,\cdots,M-1, v = 0,1,\cdots,N-1$

二维离散傅里叶逆变换定义为

$$f(x,y) = \frac{1}{MN}\sum_{u=0}^{M-1}\sum_{v=0}^{N-1}F(u,v)e^{j2\pi\left(\frac{ux}{M}+\frac{vy}{N}\right)}$$

特别地，在原点 $(0,0)$，有

$$\frac{1}{MN}\sum_{x=0}^{M-1}\sum_{y=0}^{N-1}f(x,y) = \bar{f}(x,y)$$

$$F(0,0) = \sum_{x=0}^{M-1}\sum_{y=0}^{N-1}f(x,y) = MN\bar{f}(x,y)$$

可知，原点 $(0,0)$ 的傅里叶变换与图像的平均灰度成正比。此时称 $F(0,0)$ 为频率谱的直流分量（系数），其他 $F(u,v)$（$u,v\neq0$）称为交流分量（系数）。

数字图像的二维离散傅里叶变换所得结果的频率成分的分布如图 2.35 所示。

如图 2.35 所示，图像经傅里叶变换后，变换结果的左上、右上、左下、右下 4 个角的周围对应于低频成分，中心部分对应于高频成分。为了使直流成分出现在变换结果数组的中心，可采用图 2.35 所示的中心化换位法。但应该注意，换位后的结果再进行逆变换时，不能得到

原图像，即在进行逆变换时，必须将其变换回四角代表低频成分的结果，使画面中央成分对应高频成分。傅里叶变换和逆变换结果如图 2.36 所示。首先，读取一个图像，并将其转化为灰度图像（如果图像本身是灰度图像则不用转换）。然后，通过傅里叶变换，得到变换后的频域矩阵。将频域矩阵中心化后，计算频谱，并显示频谱图像。

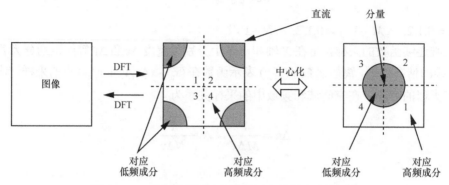

图 2.35　二维离散傅里叶变换结果中的频率成分分布

(a) 原图　　　　　(b) 蓝色通道的傅里叶谱　　　　　(c) 绿色通道的傅里叶谱

(d) 红色通道的傅里叶谱　　　　　(e) 傅里叶逆变换图像

图 2.36　傅里叶变换和逆变换结果

特别地，可对频谱图像做以下操作，经过逆傅里叶变换后产生的还原图像会得到不同的处理效果。

1．保留低频信号

只保留靠近频谱图像中心的幅值。此时，图像的高频信号丢失，即图像的细节丢失，但图像的整体灰度信息得到保留，图像被平滑、变模糊。图像的平滑和模糊程度，由高频信号的丢失程度决定，如图 2.37 所示。

(a) 原图　　　　　　　(b) 高频信息被过滤后还原的图像

图 2.37　保留低频信号

2．保留高频信号

只保留远离频谱图像中心的幅值。此时，图像的低频信号丢失，即图像的灰度信息丢失，但图像的边缘信息得到保留，如图 2.38 所示。

(a) 原图　　　　　　　(b) 低频信息被过滤后还原的图像

图 2.38　保留高频信号

2.4.3　离散余弦变换

离散余弦变换（Discrete Cosine Transform, DCT）是与傅里叶变换相关的一种变换，它类似于离散傅里叶变换，但是只使用实数。从傅里叶变换的性质可知，当函数为偶函数时，其傅里叶变换的虚部全为零，因此，只需计算余弦项变换，这就是余弦变换。离散余弦变换相当于一个长度是其两倍的离散傅里叶变换，离散傅里叶变换是对一个实偶函数进行的，因为一个实偶函数的傅里叶变换仍是一个实偶函数。这种变换是简化傅里叶变换的重要方法。

离散余弦变换具有很强的"能量集中"特性。大多数的自然信号（包括声音和图像）的能量都集中在离散余弦变换后的低频部分。因此，离散余弦变换可对信号和图像进行有损数据压缩。离散余弦变换在图像的压缩编码方面有着广泛的应用。

1．一维离散余弦变换

一维离散余弦变换的定义表示如下。

正变换为

$$F(0) = \frac{1}{\sqrt{N}}\sum_{x=0}^{N-1}f(x), u = 0$$

$$F(u) = \sqrt{\frac{2}{N}}\sum_{x=0}^{N-1}f(x)\cos\left[\frac{(2x+1)u\pi}{2N}\right], u = 1, 2, \cdots, N-1$$

其中，$F(u)$ 是第 u 个余弦变换系数，u 是广义频率变量。

逆变换为

$$f(x) = \frac{1}{\sqrt{N}}F(0) + \sqrt{\frac{2}{N}}\sum_{u=1}^{N-1}F(u)\cos\left[\frac{\pi}{2N}(2x+1)u\right], x = 0, 1, \cdots, N-1$$

正变换和逆变换共同构成一维离散余弦变换对。其特点是：无虚数部分，正变换核与逆变换核相同。

2．二维离散余弦变换

与一维的有限离散序列信号存在离散傅里叶变换一样，图像作为一个二维离散信号存在二维离散变换（注意这里是介绍一个通用的概念，二维离散变换是包括 DFT、DCT 等多种变换在内的一种通式写法），其通式可以表达为

$$T(u, v) = \sum_{x=0}^{M-1}\sum_{y=0}^{N-1}f(x, y)r(x, y, u, v)$$

其中，$f(x, y)$ 是输入图像，$r(x, y, u, v)$ 称为正变换核，对 $u = 0, 1, 2, \cdots, M-1$ 和 $v = 0, 1, 2, \cdots, N-1$ 进行计算，x 和 y 是空间变量，M 和 N 是 f 的行和列，u 和 v 称为变换变量，$T(u, v)$ 称为 $f(x, y)$ 的正变换。给定 $T(u, v)$ 后，就可以用 $T(u, v)$ 的逆变换还原图像 $f(x, y)$。

$$f(x, y) = \sum_{u=0}^{M-1}\sum_{v=0}^{N-1}T(u, v)s(x, y, u, v)$$

其中，$x = 0, 1, 2, \cdots, M-1$，$y = 0, 1, 2, \cdots, N-1$，$s(x, y, u, v)$ 称为逆变换核。以上正变换和逆变换式称为变换对。

二维离散余弦变换的定义如下（以下定义默认二维变换数据为 N 维方阵）。

二维离散余弦变换的正变换为

$$\boldsymbol{F}(0,0) = \frac{1}{N}\sum_{x=0}^{N-1}\sum_{y=0}^{N-1}\boldsymbol{f}(x, y), u = 0, v = 0$$

$$\boldsymbol{F}(u,0) = \frac{\sqrt{2}}{N}\sum_{x=0}^{N-1}\sum_{y=0}^{N-1}\boldsymbol{f}(x, y)\cos\left[\frac{\pi}{2N}(2x+1)u\right], u = 1, 2, \cdots, N-1, v = 0$$

$$\boldsymbol{F}(0,v) = \frac{\sqrt{2}}{N}\sum_{x=0}^{N-1}\sum_{y=0}^{N-1}\boldsymbol{f}(x, y)\cos\left[\frac{\pi}{2N}(2y+1)v\right], u = 0, v = 1, 2, \cdots, N-1$$

$$\boldsymbol{F}(u,v) = \frac{2}{N}\sum_{x=0}^{N-1}\sum_{y=0}^{N-1}\boldsymbol{f}(x, y)\cos\left[\frac{\pi}{2N}(2x+1)u\right]\cos\left[\frac{\pi}{2N}(2x+1)v\right], u, v = 1, 2, \cdots, N-1$$

其中，$\boldsymbol{f}(x, y)$ 是空间域二维矩阵，$\boldsymbol{F}(u, v)$ 是变换域矩阵。

二维离散余弦逆变换为

$$f(x,y) = \frac{1}{N}F(0,0) + \frac{\sqrt{2}}{N}\sum_{v=1}^{N-1}F(0,v)\cos[\frac{\pi}{2N}(2x+1)v] +$$

$$\frac{\sqrt{2}}{N}\sum_{u=1}^{N-1}F(u,0)\cos[\frac{\pi}{2N}(2x+1)u] + \frac{2}{N}\sum_{u=1}^{N-1}\sum_{v=1}^{N-1}F(u,v)\cos[\frac{\pi}{2N}(2x+1)u]\cos[\frac{\pi}{2N}(2x+1)v]$$

由前述内容可知，二维离散余弦变换可以写作以下矩阵运算形式（默认变换数据为方阵）。

正变换：$F = CfC^{\mathrm{T}}$

逆变换：$f = C^{\mathrm{T}}FC$

其中，C 为离散余弦变换矩阵，C^{T} 为 C 的转置矩阵。变换矩阵 C 为

$$C = \sqrt{\frac{2}{N}}\begin{bmatrix} \sqrt{\frac{1}{2}} & \sqrt{\frac{1}{2}} & \cdots & \sqrt{\frac{1}{2}} \\ \cos\frac{\pi}{2N} & \cos\frac{3\pi}{2N} & \cdots & \cos\frac{(2N-1)\pi}{2N} \\ \vdots & \vdots & \vdots & \vdots \\ \cos\frac{(N-1)\pi}{2N} & \cos\frac{3(N-1)\pi}{2N} & \cdots & \cos\frac{(2N-1)(N-1)\pi}{2N} \end{bmatrix}_{N\times N}$$

2.4.4　数字图像处理中的离散余弦变换

给定一幅图像作为输入信息，转化为灰度图像后对其进行 DCT 变换，可见图像的能量主要集中在左上角，如图 2.39 所示。

图 2.39　DCT 变换示例

在数字图像 DCT 处理过程中，通常会把一幅图像（单色图像的灰度值或彩色图像的亮度，或色差分量信号）分成 8×8 的块。在编码器的输入端，原始图像被分成一系列 8×8 的块，作为 DCT 正变换（Forward DCT, FDCT）的输入；在解码器的输出端，DCT 逆变换（Inverse DCT, IDCT）输出许多 8×8 的数据块，用于重构图像。

对于每个 8×8 的二维原图像采样数据块，FDCT 把它分解成 64 个正交基信号，每个正交基信号对应于 64 个二维空间频率中的一个，这些空间频率由输入信号的频谱组成。

FDCT 的输出是 64 个基信号的幅值（DCT 系数），即 8×8 数据块的灰度值为这些基信号分量的加权和。$u=0$、$v=0$ 的系数称为直流分量，其余 63 个系数称为交流分量。

2.5 频域滤波

本节内容与 2.4 节的内容是相关联的,所有的滤波都是通过傅里叶变换在频域中实现的。除了是线性滤波的基础之外,傅里叶变换在图像增强、图像复原、图像数据压缩以及其他主要应用的设计和实现过程中都起着很重要的作用。本节主要介绍在图像增强中的频域滤波,包括低通滤波、高通滤波。

在频域研究图像增强作用如下。

① 可以利用频率成分和图像之间的对应关系。一些在空间域表述困难的增强任务,在频域变得非常简单。

② 滤波在频域更为直观,它可以解释空间域滤波的某些性质。

③ 给出一个问题,寻找某个滤波器解决该问题,频域处理对于迅速而全面地控制滤波器参数是一个理想工具。

2.5.1 频域滤波基础

频域是指从频率角度出发分析函数,和频域相对的是时域。简单地说,从时域分析信号时,时间是横坐标,振幅是纵坐标,则在频域分析时,频率是横坐标,振幅是纵坐标。

1. 空间域滤波和频域滤波之间的对应关系

(1)频域是频域变量 (u,v) 定义的空间。傅里叶变换的频率分量 (u,v) 和图像空间特征(灰度变化模式)之间的关系如下。

① 变化最慢的频率成分($u=v=0$)对应一幅图像的平均灰度, F 是频率, f 是灰度值, M 、 N 是图像的大小。

$$F(0,0) = \sum_{x=0}^{M-1}\sum_{y=0}^{N-1} f(x,y) = MN\overline{f(x,y)}$$

② 当从变化的原点移开时,低频对应着图像的慢变化分量,如图像的平滑部分。

③ 进一步离开原点时,较高的频率对应图像中变化越来越快的灰度级,如边缘或噪声等尖锐部分。

(2)大小为 $M \times N$ 的两个函数 $f(x,y)$ 和 $h(x,y)$,其卷积可定义为

$$f(x,y) * h(x,y) = \sum_{m=0}^{M-1}\sum_{n=0}^{N-1} f(m,n)h(x-m,y-n)$$

对应空间域滤波,在 $M \times N$ 的图像 f 上,用 $m \times n$ 的滤波器进行线性滤波。

$$g(x,y) = \sum_{s=-a}^{a}\sum_{t=-b}^{b} w(s,t)f(x+s,y+t)$$

空间域和频域线性滤波的基础都是卷积定理,该定理可以写为[27]

$$f(x,y)*h(x,y) \Leftrightarrow H(u,v)F(u,v)$$

$$f(x,y)h(x,y) \Leftrightarrow H(u,v)*F(u,v)$$

其中，*表示两个函数的卷积，双箭头两边的表达式组成了傅里叶变换对。例如，第一个表达式表明两个空间函数的卷积可以通过计算两个傅里叶变换函数的乘积的逆变换得到；类似地，两个空间函数的卷积的傅里叶变换等于两个函数的傅里叶变换的乘积。同样的情况也出现在第二个表达式中。

在滤波问题上，我们更关注第一个表达式。空间域中的滤波由图像 $f(x,y)$ 与滤波掩模 $h(x,y)$ 组成。根据卷积定理，可以在频域中通过 $F(u,v)$ 乘以 $H(u,v)$ 来得到相同的结果，即空间滤波器的傅里叶变换。通常，将 $H(u,v)$ 称为滤波传递函数。基本上，频域滤波的目的是选择一个滤波传递函数，以便按照指定的方式修改 $F(u,v)$。

基于卷积理论，我们知道为了在空间域中得到相应的滤波后的图像，仅需要计算 $H(u,v)F(u,v)$ 的傅里叶逆变换。上述方法所得到的结果与在空间域中使用卷积所得到的结果是相同的，只要滤波掩模 $h(x,y)$ 是 $H(u,v)$ 的傅里叶逆变换。实际上，空间卷积常通过使用较小的掩模来简化，使用这种较小的掩模的目的是尽可能获得其频域对应内容的显著特性[27]。

2. 频域滤波

（1）算法原理

根据卷积定理，通过滤波器函数以某种方式来修改图像变换的结果，然后通过取结果的逆变换来获得处理后的输出图像。

（2）算法实现

频率域滤波的步骤如下[27]。

① 图像填充。对要滤波的图像 $f_{M \times N}(x,y)$ 进行填充得到 $f_{P \times Q}(x,y)$，填充图像区域为 $P=2M$，$Q=2N$

② 用 $(-1)^{x+y}$ 乘以输入图像进行中心变换：$f_{P \times Q}(x,y)(-1)^{x+y} \Leftrightarrow F\left(u-\dfrac{P}{2}, v-\dfrac{Q}{2}\right)$

③ 变换到频域：$F(u,v) = \Im[f_{P \times Q}(x,y)(-1)^{x+y}]$

④ 生成一个实的、中心对称的滤波器 $H_{P \times Q}(u,v)$，中心为 $\left(\dfrac{P}{2}, \dfrac{Q}{2}\right)$

⑤ 频域滤波：$G(u,v) = F(u,v)H(u,v)$

⑥ 取实部变换到空间域：$g_{P \times Q}(x,y) = \{\text{real}[\Im^{-1}[G(u,v)]]\}$，其中 real 表示取实部

⑦ 取消输入图像的乘数：$g_P(x,y) = g_{P \times Q}(x,y)(-1)^{x+y}$

⑧ 提取 $M \times N$ 区域：从 $g_P(x,y)$ 的左上象限提取 $M \times N$ 区域，得到最终处理结果 $g(x,y)$

2.5.2 频域低通滤波

一幅图像的边缘和其他尖锐的灰度转变（如噪声）对其傅里叶变换的高频内容有贡献。因此，对图像平滑（模糊）可通过对高频的衰减来实现，也就是用低通滤波。本节考虑 3 种类型的低通滤波器：理想低通滤波器、巴特沃思低通滤波器和高斯低通滤波器。

这 3 种滤波器涵盖了从非常尖锐（理想）的滤波到非常平滑（高斯）的滤波范围。巴特沃思滤波器有一个参数，称为滤波器的"阶数"。当阶数值较高时，巴特沃思滤波器可以看作两种"极端"滤波器的过渡。本节中所有的滤波器都遵循 2.5.1 节所述的步骤，因此所有滤波函数 $H(u, v)$ 可以理解成大小为 $P \times Q$ 的离散函数，离散频率变量的范围是 $u = 0,1,2,\cdots, P-1$ 和 $v=0,1,2,\cdots, Q-1$。

1. 理想低通滤波器

在以原点为圆心、以 D_0 为半径的圆内，无衰减地通过所有频率，而在该圆外"切断"所有频率的二位低通滤波器，称为理想低通滤波器（Ideal Low Pass Filter, ILPF），它由下面的函数确定[27]。

$$H(u,v) = \begin{cases} 1, & D(u,v) \leqslant D_0 \\ 0, & D(u,v) > D_0 \end{cases}$$

其中，D_0 是一个正常数，$D(u, v)$ 是频域中点 (u, v) 与频率矩形中心的距离，即

$$D(u,v) = \left[\left(u - \frac{P}{2} \right)^2 + \left(v - \frac{Q}{2} \right)^2 \right]^{\frac{1}{2}}$$

其中，P 和 Q 都是填充后的尺寸。在理想低通滤波器中，随着滤波器半径 D_0 的增大，滤除的信息越来越少，导致的模糊也越来越弱。但是值得注意的是，用理想低通滤波器处理后的图像可能会产生"振铃"现象。

2. 巴特沃思低通滤波器

截止频率位于距原点 D_0 处的 n 阶巴特沃思低通滤波器（Butterworth Low Pass Filter, BLPF）的传递函数定义为[27]

$$H(u,v) = \frac{1}{1 + \left[\dfrac{D(u,v)}{D_0} \right]^{2n}}$$

其中，$D(u,v) = \left[\left(\dfrac{u-P}{2} \right)^2 + \left(\dfrac{v-Q}{2} \right)^2 \right]^{\frac{1}{2}}$。

与 ILPF 不同，BLPF 传递函数并没有在通过频率和滤除频率之间给出明显截止的、尖锐的不连续性。对于具有平滑传递函数的滤波器，可基于此定义截止频率，即使 $H(u, v)$ 下降为其最大值的某个百分比的点。在 BLPF 传递函数中，截止频率点是当 $D(u, v) = D_0$ 时的点，即使 $H(u, v)$ 下降为其最大值的 50% 的点。

在空间域的一阶巴特沃思滤波器没有振铃现象。在二阶滤波器中，振铃现象通常很难察觉，但更高阶数的滤波器中振铃现象会很明显。

3. 高斯低通滤波器

高斯低通滤波器（Gaussian Low Pass Filter, GLPF）传递函数定义为[27]

$$H(u,v) = e^{-\frac{D^2(u,v)}{2\sigma^2}}$$

其中，$D(u, v)$ 是距频率矩形中心的距离，σ 是关于中心的扩展度的度量。令 $\sigma = D_0$，GLPF 传递函数为

$$H(u,v) = e^{\frac{-D^2(u,v)}{2D_0^2}}$$

其中，D_0 是截止频率。当 $D(u, v) = D_0$ 时，$H(u,v)$ 下降到其最大值的 0.607 处。

4．低通滤波器的应用

低通滤波器主要应用于图像的模糊、平滑等[27]，主要有以下几个方面。

① 字符识别。通过模糊图像，桥接断裂字符的裂缝。

② 印刷和出版。使一副尖锐的原始图像产生平滑、柔和的外观，如对于人脸图像，减少皮肤细纹的锐化程度和小斑点。

③ 处理卫星和航空图像。尽可能模糊细节，而保留大的可识别特征，通过消除不重要的特征来简化感兴趣特征的分析。

2.5.3　频域高通滤波

通过衰减图像的傅里叶变换的高频部分可以平滑图像，因为边缘和其他灰度的急剧变化与高频分量有关，所以图像的锐化可在频域中通过高通滤波来实现，高通滤波会衰减傅里叶变换中的低频分量而不会扰乱高频信息。本节中所有的滤波器都遵循 2.5.1 节所述的步骤，因此所有滤波函数 $H(u, v)$ 可以理解成大小为 $P \times Q$ 的离散函数，离散频率变量的范围是 $u = 0,1,2,\cdots, P-1$ 和 $v = 0,1,2,\cdots,Q-1$ [27]。

一个高通滤波器（High Pass Filter, HPF）可以从给定的低通滤波器得到，即

$$H_{HP}(u,v) = 1 - H_{LP}(u,v)$$

其中，$H_{HP}(u, v)$ 和 $H_{LP}(u, v)$ 分别为高通滤波器和低通滤波器的传递函数。也就是说，被低通滤波器衰减的频率能通过高通滤波器，否则不能通过。

1．理想高通滤波器

一个二维理想高通滤波器（Ideal HPF, IHPF）的传递函数定义为[27]

$$H(u,v) = \begin{cases} 0, & D(u,v) \leqslant D_0 \\ 1, & D(u,v) > D_0 \end{cases}$$

其中，D_0 是截止频率，$D(u, v)$ 同理想低通滤波器中的定义。IHPF 与 ILPF 相对应，IHPF 把以半径为 D_0 的圆内所有频域置零，而无衰减地通过圆外的所有频率。如同 ILPF 那样，IHPF 也可能会产生振铃现象。

2．巴特沃思高通滤波器

截止频率为 D_0 的 n 阶巴特沃思高通滤波器（Butterworth HPF, BHPF）的传递函数定义为[27]

$$H(u,v) = \frac{1}{1 + \left[\dfrac{D_0}{D(u,v)}\right]^{2n}}$$

3. 高斯高通滤波器

截止频率距频率矩形中心为 D_0 的高斯高通滤波器（Gaussian HPF, GHPF）的传递函数为[27]

$$H(u,v) = 1 - e^{\frac{-D^2(u,v)}{2D_0^2}}$$

4. 高通滤波器的应用

高通滤波器主要应用于图像锐化、增强等，主要有以下方面。

① 增强和突出图像中的细节，使较模糊的细节可以被更好地显示。

② 在图像检测和识别中提取图像边缘。

2.6 图像压缩与编码

数据压缩最初是信息论研究中的一个重要课题，在信息论中数据压缩被称为信源编码。但近年来，数据压缩不仅限于编码方法的研究与探讨，已逐步形成较为独立的体系。它主要研究数据表示、传输、变换和编码的方法，目的是减少存储数据所需要的空间和传输所用的时间。

近年来，随着计算机与数字通信技术的迅速发展，特别是网络和多媒体技术的兴起，图像编码与压缩作为数据压缩的一个分支，已受到越来越多的关注。根据压缩前及解压后的信息保持程度，一般将图像压缩编码分成无损和有损两大类[32]。在介绍图像压缩技术之前，需先了解一些相关的理论知识。

2.6.1 基本理论

图像压缩讨论的是减少描述数字图像的数据量的问题。而数据冗余是指用数据表示无用信息或重复表示其他数据已经表示过的信息，常用压缩比和冗余度表示。

设 n_1 和 n_2 代表用来表示相同信息的两个数据的容量，那么压缩比可以定义为

$$C_R = \frac{n_1}{n_2}$$

其中，n_1 是压缩前的数据量，n_2 是压缩后的数据量。相对冗余度（即 n_1 相对于 n_2）可以定义为

$$R_D = 1 - \frac{1}{C_R} = \frac{n_1 - n_2}{n_1}$$

压缩是通过去除以下 3 个基本数据冗余中的一个或者多个来达到的：（1）编码冗余，当所用的码字大于最佳编码长度（即最小长度）时会出现编码冗余；（2）像素间冗余，即一幅图像像素间的相关性所造成的冗余；（3）心理视觉冗余，源于人类视觉系统对数据忽略的冗余（也就是视觉认为不重要的信息）。

1．编码冗余

令具有相关概率 $p_r(r_k)$ 的离散随机变量 r_k（ $k=0,2,\cdots,L-1$ ）表示一幅 L 级灰度图像的灰度级，则有

$$p_r(r_k)=\frac{n_k}{n} \quad k=0,2,\cdots,L-1$$

其中，n_k 是图像中出现第 k 级灰度的次数，n 是图像的总像素数。若表示 r_k 的比特数是 $l(r_k)$ ，则表示每个像素的平均比特数为

$$L_{\text{avg}}=\sum_{k=0}^{L-1}l(r_k)p_r(r_k)$$

换言之，分配给每个灰度级的码字的平均长度，也称为平均码字长，就是表示每个灰度级的比特数与该灰度级出现的概率的乘积之和。这样，编码一幅大小为 $M\times N$ 的图像所需的总比特数就是 MNL_{avg}。

如果图像中每个灰度级（或每个像素）均用 $m$bit 的二进制码表示，这种编码称为自然编码，也称等长编码。其平均码字长为

$$L_{\text{avg}}=l(k)=m$$

如果图像中的不同灰度级采用不同长度的码字表示，这种编码称为变长（不等长）编码。其平均码字长为

$$L_{\text{avg}}\leqslant m$$

不同的编码方法可能会有不同的平均码字长。对于相对编码冗余来说，平均码字长大的编码相对于平均码字长小的编码就存在相对编码冗余。

以表 2.2 为例，Code_2 实现压缩的基础是其码字为变长的，即允许将最短的代码分配给图像中最常出现的灰度级。Code_1 中 $L_{\text{avg}}=2$，Code_2 中 $L_{\text{avg}}=1.8125$，两种编码方法所产生的压缩比为 $C_R=\dfrac{2}{1.8125}\approx1.103$。

表 2.2　编码冗余示例

r_k	$p_r(r_k)$	Code_1	$l_1(r_k)$	Code_2	$l_2(r_k)$
r_1	0.187 5	00	2	011	3
r_2	0.500 0	01	2	1	1
r_3	0.125 0	10	2	010	3
r_4	0.187 5	11	2	00	2

2．像素间的冗余

由于像素间存在相关性，任意像素值理论上都可以通过它的相邻像素值预测得到。这就带来了像素间的冗余。

3．心理视觉冗余

人观察图像是基于目标物特征而不是像素，这就使某些信息显得不重要，可以忽略，表示这些可忽略信息的数据就称为心理视觉冗余。

4．熵

人们经常提出的一个问题是，表示一幅图像的灰度级到底需要多少比特？换言之，是否存在不丢失信息的条件下充分描绘一幅图像的最小数据量？信息论提供了回答这一问题的数学框架。它的基本前提是信息的产生可以通过概率过程来建立模型，这个过程可以利用与直觉相符的方式来度量。为与这个假定相一致，概率为 $P(E)$ 的一个随机事件 E 包含了下面的单元信息。

$$I(E) = \log\frac{1}{P(E)} = -\log P(E)$$

其中，对数一般取 2 为底，单位为 bit；也可以取其他底数，采用相应单位。若 $P(E)=1$（即该事件总会发生），则 $I(E)=0$ 且它没有信息。换言之，因为没有与这个事件相关的不确定因素，所以没有表示事件发生的、需要传递的信息。若在一组可能的离散事件 $\{a_1,a_2,\cdots,a_J\}$ 中给定一个随机事件源，则与之相关的概率为 $\{P(a_1),P(a_2),\cdots,P(a_J)\}$，且每个源输出的平均信息（称为源的熵）为[32]

$$H = -\sum_{k=1}^{J} P(a_j)\log P(a_j)$$

若将一幅图像看作一个发出"灰度级信息源"的样本，则可以利用被观测图像的灰度级直方图来模拟该源的符号概率，并生成该源的熵的一个估计，即

$$\tilde{H} = -\sum_{k=0}^{L-1} P_r(r_r)\log P_r(r_k)$$

无失真编码定理。在无干扰的条件下，存在一种无失真的编码方法，使编码的平均码字长 L_{avg} 与信源的熵 H 任意地接近，即 $L_{avg}=H+\varepsilon$，其中 ε 为任意小的正数，但以 H 为其下限，即 $L_{avg} \geq H$，这是香农（Shannon）无干扰编码定理的意义。

对于无失真图像的编码，原始图像数据的压缩存在一个下限，即平均码字长不能小于原始图像的熵，而理论上的最佳编码的平均码字长无限接近原始图像的熵。

5．图像保真度准则

在图像压缩编码中，解码图像与原始图像可能会有差异，因此，需要评价压缩后图像的质量。描述解码图像相对于原始图像偏离程度的测度一般称为保真度（逼真度）准则。常用的准则可分为两大类：客观保真度准则和主观保真度准则。

最常用的客观保真度准则是原图像和解码图像之间的均方差根误差和均方根信噪比。令 $f(x,y)$ 代表大小为 $M \times N$ 的原图像，$\hat{f}(x,y)$ 代表解压缩后得到的图像，对任意 x 和 y，$f(x,y)$ 和 $\hat{f}(x,y)$ 之间的误差为

$$e(x,y) = \hat{f}(x,y) - f(x,y)$$

则均方根误差 e_{rms} 为

$$e_{rms} = \sqrt{\frac{1}{MN}\sum_{x=0}^{M-1}\sum_{y=0}^{N-1}\left[\hat{f}(x,y) - f(x,y)\right]^2}$$

如果将 $\hat{f}(x,y)$ 看作原始图像 $f(x,y)$ 和噪声信号 $e(x,y)$ 的和，那么解压图像的均方根信噪比 SNR_{ms} 为

$$SNR_{ms} = \sqrt{\frac{\displaystyle\sum_{x=0}^{M-1}\sum_{y=0}^{N-1}\hat{f}(x,y)^2}{\displaystyle\sum_{x=0}^{M-1}\sum_{y=0}^{N-1}\left[\hat{f}(x,y) - f(x,y)\right]^2}}$$

实际使用中，常将 SNR_{ms} 归一化，单位为分贝(dB)。令

$$\overline{f} = \frac{1}{MN}\sum_{x=0}^{M-1}\sum_{y=0}^{N-1}f(x,y)$$

则有

$$SNR_{ms} = 10\lg\left\{\frac{\displaystyle\sum_{x=0}^{M-1}\sum_{y=0}^{N-1}\left[f(x,y) - \overline{f}\right]^2}{\displaystyle\sum_{x=0}^{M-1}\sum_{y=0}^{N-1}\left[\hat{f}(x,y) - f(x,y)\right]^2}\right\}$$

若令 $f_{max} = \max\left[f(x,y)\right]$，$x = 0,1,\cdots,M-1$，$y = 0,1,\cdots,N-1$，则可得到峰值信噪比 PSNR 为

$$PSNR = 10\lg\left\{\frac{f_{max}^2}{\displaystyle\sum_{x=0}^{M-1}\sum_{y=0}^{N-1}\left[\hat{f}(x,y) - f(x,y)\right]^2}\right\}$$

尽管客观保真度准则提供了一种简单、方便的评估信息损失的方法，但很多解压图像最终是供人观看的，对具有相同客观保真度的不同图像，人的视觉可能产生不同的视觉效果。这是因为客观保真度是统计平均意义下的概念，用主观的方法来评价图像质量更为合适。一种常用的方法是让一组（不少于 20 人）观察者观看图像并打分，将他们对该图像的评分取平均，来评价一幅图像的主观质量。

主观评价也可以对照某种绝对尺度进行。表 2.3 给出了一种对电视图像质量进行绝对评分的尺度，据此可对图像的质量进行判断。

表 2.3　电视图像质量评价尺度

评分	评价	说明
1	优秀	图像质量非常好，达到人能想象出的最好质量
2	良好	图像质量好，观看舒服，有干扰但不影响观看
3	可用	图像质量可以接受，有干扰但不太影响观看
4	刚可看	图像质量差，有些干扰妨碍观看，观察者希望改进
5	差	图像质量很差，妨碍观看的干扰始终存在，几乎无法观看
6	不能用	图像质量极差，不能使用

也可以通过比较 $f(x,y)$ 和 $\hat{f}(x,y)$，并按照某种相对的尺度进行评价。如果观察者将 $f(x,y)$ 和 $\hat{f}(x,y)$ 逐个进行对照，则可以得到相对的质量分。例如，可用{-3,-2,-1,0,1,2,3}来代表主观评价{很差，较差，稍差，相同，稍好，较好，很好}。

2.6.2　无失真编码

1．霍夫曼编码

当对一副图像的灰度级或一个灰度级映射操作的输出（例如游程长度等）进行编码时，在每次编码一个源符号的限制条件下，对于每个源符号（如灰度级值），霍夫曼码包含了最小可能的代码符号（即比特）数。

具体编码方法是：（1）把输入元素按其出现频率由大到小排列起来，然后把最后两个具有最小频率的元素的频率相加；（2）把该频率之和同其余频率由大到小排列，再把两个最小频率相加，重新排列；（3）重复步骤（2），直到只剩下两个频率为止。

在上述工作完毕之后，对最后得到的两个频率从右向左进行编码。对于频率大的赋值 0，频率小的赋值 1。

此外，还可用二叉树对其进行编码，步骤如下。

（1）统计每个元素出现的频率。

（2）从左向右把上述频率按从大到小的顺序排列。

（3）选出频率最小的两个值，作为二叉树的两个叶子节点，将其和作为他们的根节点，两个叶子节点不再参与排序，新的根节点同其他元素出现的频率进行排序。

（4）重复步骤（3），直到得到和为 1 的节点。

（5）将形成的二叉树的子节点左边标 0，右边标 1。把从最上边的根节点到最下面的叶子节点途中的 0，1 序列串起来，就得到了各个元素的编码。

2．行程编码

行程编码（Run Length Encoding, RLE）广泛应用于各种图像格式的数据压缩处理中，是最简单的压缩图像的方法之一。

行程编码是在给定的图像数据中寻找连续重复的数值，然后用两个字符取代这些连续值。例如，有一串用字母表示的数据为"aaabbbbccccddded dddaa"，经过行程编码处理后表示为"3a4b4c3d1e3d2a"。这种方法在处理包含大量重复信息的数据时可以获得很好的压缩效果。但是如果连续重复的数据很少，则很难获得较好的压缩比，甚至可能导致压缩后的编码字节数大于处理前的图像字节数。所以行程编码的压缩效率与图像数据的分布情况密切相关。

2.6.3　限失真编码

在实际应用中，通常并不要求获得完全无失真的信息，只要求近似地重现原信息，可允许一定程度的图像失真。这种把失真限制在某一允许限度以内，可以达到更高压缩比的压缩编码称为限失真编码。变换编码就是限失真编码中的一种。

变换编码的基本原理是通过正交变换把图像从空间域转换为能量比较集中的变换域系数，然后对变换系数进行编码，从而达到压缩数据的目的。变换编码与解码基本模型如图 2.40 所示[27]。

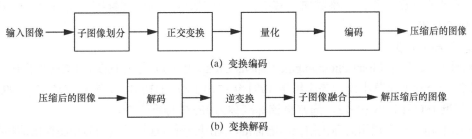

图 2.40　变换编码与解码基本模型

在变换编码处理过程中，有以下几个问题需要注意。

（1）子图像划分

在图像正交变换编码中，通常先将 $M \times N$ 的原始图像 $f(m, n)$ 分割成 $d \times d$ 的图像子块（可称为子图像），再对每个子图像进行正交变换。这样做的好处是：一方面可增加子图像块内的均匀性，使正交变换后能量更集中；另一方面可大大减少变换所需运算量。图像分块大小的选择应该使相邻子图像之间的相关性保持在某个可接受的程度，并且将分块的长和宽设定为 2 的整次幂。

$$f(m,n) = \left\{ f_i(m,n) \middle| i = 1, 2, \cdots, \frac{N^2}{d^2} \right\}$$

（2）正交变换

正交变换编码能够获得高压缩比的原因在于，图像通过正交变换实现了能量的集中，使大多数系数为零或很小的数值。

常用变换编码有基于 DFT 的变换编码、基于 DCT 的变换编码等。其中 DFT 和 DCT 具体原理参考前文。

（3）量化和编码

正交变换后对其系数的量化和编码一般分成两步进行，第一步是系数选择，第二步是选择系数的量化和编码。系数选择的过程相当于滤波，即选择的系数保留，未选择的系数令其为零，即

$$\hat{F}_i(u,v) = F_i(u,v)P(u,v)$$

系数选择通常有两种方法：区域法和阈值法。区域法是选取特定区域中的变换系数进行量化编码，区域外的系数舍弃。这样，就保留了大部分的图像能量，但是由于舍去了高频分量，使恢复图像出现轮廓以及细节的模糊。区域选择越大，图像失真就越小，但压缩比会降低。反之，区域越小，则失真越大，但压缩比会提高。阈值法就是采用最大幅值原则，根据实际情况设定适当的阈值，若变换系数超过该阈值，则保留系数进行编码，否则补零。

选择系数的量化和编码。将带小数的系数变成整数，并使大数值变换成小数值。量化处理导致了有损压缩。量化后的数值可以分配码字，分配的原则是：方差大的系数分配长码字，方差小的系数分配短码字[27]。

2.6.4　图像压缩国际标准

近年来，随着多媒体技术的广泛应用，图像压缩编码技术得到了学术界和工业界的重视，获得了长足的进展，并且日臻成熟。其中，针对图像压缩的国际标准主要有 JPEG 标准和 JPEG-2000 标准。

1．JPEG 标准

联合图片专家组（Joint Photographic Experts Group, JPEG）是由 ISO 和 CCITT 于 1986 年联合成立的一个标准起草小组，该小组于 1991 年提出 ISO CD10918 标准建议草案，1992 年发布国际标准 ISO/IEC IS 10918，通常将该标准称为 JPEG 标准[33-34]。

JPEG 标准是一个通用的静止图像压缩标准，适用于所有连续色调的静止图像压缩和存储。JPEG 标准的基本压缩方法已成为一种通用的技术，很多应用程序都采用了与之相配套的软硬件。

JPEG 算法主要简化步骤如下[4]。

步骤 1　图像分块，图像被分割成大小为 8×8 的小块。

步骤 2　颜色空间转换 RGB→YC_BC_R，这里的 Y 表示亮度，C_B 和 C_R 分别表示蓝色和红色的色差值。

步骤 3　离散余弦变换（对矩阵中元素用–128 进行值转换后再变换）。

步骤 4　数据量化，计算式如下。

$$B_{i,j} = \text{round}\left(\frac{G_{i,j}}{Q_{i,j}}\right), \quad i, j = 0,1,2,\cdots,7$$

其中，$G_{i,j}$ 是离散余弦变换之后得到的结果，$Q_{i,j}$ 是量化矩阵。通常，亮度信号和色差信号的矩阵不同。图 2.41 和图 2.42 给出了一个量化矩阵和量化后的 DCT 值矩阵示例[4]。

8	6	6	7	6	5	8	7
7	7	9	9	8	10	12	20
13	12	11	11	12	25	18	19
15	20	29	26	31	30	29	26
28	28	32	36	46	39	32	34
44	35	28	28	40	55	41	44
48	49	52	52	52	31	39	57
61	56	50	60	46	51	52	50

图 2.41　量化矩阵示例

73	−4	10	3	4	0	−1	0
11	2	−4	−2	1	−1	0	0
4	2	−1	−1	−4	0	0	0
−1	0	0	−1	0	0	0	0
0	0	0	0	0	0	0	0
0	0	0	0	0	0	0	0
0	0	0	0	0	0	0	0
0	0	0	0	0	0	0	0

图 2.42　量化后的 DCT 值矩阵示例

步骤 5　对值进行 Z 字形排列，如图 2.43 所示，并且进行行程编码。图 2.42 所示矩阵中的值按 Z 字形排列后得到序列 73,−4, 11, 4, 2, 10, 3,−4, 2,−1, 0, 0,−1, −2, 4, 0, 1, −1, 0, 0, 0, 0, 0, 0, 0, −1, 4,−1, −1 和 36 个 0。

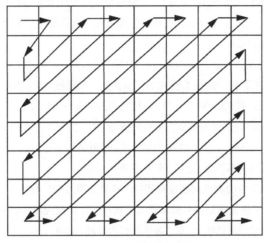

图 2.43　Z 字形排列示意

步骤 6　霍夫曼编码。

2．JPEG-2000 标准

JPEG-2000 标准的主要目的是利用基于小波变换的压缩技术提供一套全新的图像编码系统。在中高码率上能够提供很好的压缩图像质量，但随着码率的降低（例如低于 0.25 bit/pixel），图像的主观质量下降很快。与 JPEG 标准相比，除了采用小波变换外，JPEG-2000 标准增加了一批新功能，应用范围大大扩展，包括数码相机、预出版、医用图像等。其主要性能和新增功能如下[34-36]。

① 高压缩效率，压缩率达到 0.1 bit/pixel 时，仍能获得相当不错的重建图像。

② 图像传输从有损到无损。

③ 分辨率伸缩性，质量（像素精度）伸缩性。

④ 在不解压缩的情况下，随机访问码流中的数据段。

⑤ 能够定义兴趣区域（如医用图像中的某区域），对该区域采用高分辨率甚至无损编码。

⑥ 使用重同步标记以便增加在高误码率信道（如移动通信）中的稳健性。

⑦ 高质量、高保真度彩色图像处理（更大的图像尺寸及更多的像素）。

⑧ 使用 alpha 通道以满足未来的图形处理和网络需要。

⑨ 信息嵌入，嵌入非图像信息，如说明文字、声音等数据信息。

⑩ 图像加密。

参考文献

[1] 贾永红. 数字图像处理(第三版)[M]. 武汉: 武汉大学出版社, 2015.

[2] 姚敏. 数字图像处理[M]. 北京: 机械工业出版社, 2012.

[3] 张弘. 数字图像处理与分析[M]. 北京: 机械工业出版社, 2007.

[4] JENNIFER B. 数字媒体技术教程[M]. 王崇文, 李志强, 刘栋, 等译. 北京: 机械工业出版社, 2015.

[5] 杨柏婷. 位图与矢量图转换方法研究[J]. 科技传播, 2011, 3(15): 209, 218.

[6] 王艳丽. 计算机中的位图和矢量图[J]. 信息与电脑(理论版), 2011(18): 191, 193.

[7] 阳冰成, 游福成, 张陈炜, 等. 彩色 Koch 曲线设计及其在包装印刷中的防伪能力分析与实现[J]. 北京印刷学院学报, 2018, 26(3): 15-21.

[8] 郝慧. 虚拟实体对象行为及其在动画中的表现研究[D]. 哈尔滨: 哈尔滨工业大学, 2012.

[9] 刘甲. IFS 分形图的交互式形状可控技术研究[D]. 济南: 山东师范大学, 2011.

[10] 徐志兴. 浅析图形、图像、位图、矢量图[J]. 科技信息, 2009(5): 99.

[11] 陈丽如. 计算机中的位图和矢量图研究[J]. 科技创新与应用, 2015(1): 56.

[12] 吴天行, 华宏星. 机械振动[M]. 北京: 清华大学出版社, 2014.

[13] 李进良, 倪健中. 信息网络辞典[M]. 北京: 东方出版社, 2001.

[14] 陶霖密, 徐光祐. 机器视觉中的颜色问题及应用[J]. 科学通报, 2001, 46(3): 178-190.

[15] 胡珊, 郭雷, 沈云涛. 基于视觉感知特性的颜色直方图[J]. 计算机应用, 2006, 26(12): 2854-2855, 2859.

[16] 朱良, 韩雪培. 新编地图学教程[M]. 北京: 高等教育出版社, 2008.

[17] 孟章荣. 各种颜色模型选用需求分析[J]. 中国图象图形学报, 1996, 1(3): 238-241.

[18] 李新友, 张云松. 颜色模型浅析[J]. 投资与合作: 学术版, 2010(16): 133-134.

[19] 蒋亚军. 三种常用颜色模型的比较研究[J]. 湖南科技学院学报, 2007, 28(4): 37-38.

[20] 徐敏, 徐锦林, 周世生. CMS 中关于 CIE 1931 RGB 与 CRTRGB 的探讨[J]. 印刷世界, 2002(1): 4-6.

[21] 王玉珏. 计算机色彩模型应用[J]. 电脑知识与技术, 2010, 6(6): 1458-1460.

[22] 章惠. RGB 和 CMYK 色彩模式的差异分析[J]. 曲阜师范大学学报(自然科学版), 2011, 37(2): 50-51.

[23] 闫兴亚, 刘韬, 郑海昊. 数字媒体导论[M]. 北京: 清华大学出版社, 2012.

[24] 余胜威, 丁建明, 吴婷, 等. MATLAB 图像滤波去噪分析及其应用[M]. 北京: 北京航空航天大学出版社, 2015.

[25] HEARN D, BAKER M P. 计算机图形学 C 语言版(第 2 版)[M]. 北京: 清华大学出版社, 1998.

[26] 李娟娟, 薛元, 刘曰兴, 等. 基于 HSI 颜色空间的等明度/等色相/等彩度色系及其构建[J]. 服饰导刊, 2021, 10(2): 113-118.

[27] GONZALEZ R C, WOODS R E. 数字图像处理[M]. 阮秋琦, 阮宇智, 译. 北京: 电子工业出版社, 2017.

[28] EBNER M. Color constancy[M]. New Jersey: John Wiley & Sons, 2007.

[29] 王一丁, 李琛, 王蕴红. 数字图像处理[M]. 西安: 西安电子科技大学出版社, 2015.

[30] 赵晓宇, 陈刚, 李均利. 数字图像处理及 UIMP 系统的设计与实现[M]. 杭州: 浙江大学出版社, 2007.

[31] 赵思宁. 基于液晶空间光调制器（LC-SLM）和数码摄像机（CCD）的相位调制伪彩色编码[D]. 天津: 天津理工大学, 2013.

[32] 冯玉珉. 数据图像压缩编码[M]. 北京: 中国铁道出版社, 1993.

[33] 马龙. 多光谱图像压缩技术研究[M]. 哈尔滨: 哈尔滨工程大学出版社, 2017.

[34] 蔡士杰, 岳华, 刘小燕. 连续色调静止图像的压缩与编码　JPEG[M]. 南京: 南京大学出版社, 1995.

[35] 胡栋. 静止图像编码的基本方法与国际标准[M]. 北京: 北京邮电大学出版社, 2003.

[36] 朱秀昌. 图像通信应用系统[M]. 北京: 北京邮电大学出版社, 2003.

第**3**章

计算机图形学

计算机图形学是计算机科学的重要分支。近年来，随着计算机及网络技术的迅速发展，计算机图形学正越来越深入人们的生活，已经广泛应用于工业建模、游戏制作、影视特技、科学计算可视化、虚拟现实等领域。

3.1 计算机图形学基本概念

3.1.1 计算机图形学的定义

计算机图形学（Computer Graphics, CG）是利用计算机表示、生成、处理和显示图形信息的一门学科，包括图形信息的表示、输入输出与显示、图形的几何变换、图形之间的运算以及人机交互绘图等方面的技术[1]。ISO 对计算机图形学的定义是，研究通过计算机将数据转换为图形，并在专门显示设备上显示的原理、方法和技术的学科[2]。图形通常由计算机生成，包括点、线、面、体等几何属性和灰度、色彩、线型、线宽等非几何属性。

3.1.2 图形输入设备

图形输入设备种类很多，常用设备有键盘、鼠标器、跟踪球、空间球和操纵杆等，特殊设备有数字化仪、旋钮、按钮盒、数据手套、触摸板、扫描仪和语音系统等[3]。图形输入设备从逻辑上可以分为定位设备、笔画设备、数值设备、选择设备、拾取设备、字符串设备。

1. 键盘

键盘（Keyboard）主要用于录入文本串、发布命令和选择菜单项。键盘是输入与图形显示有关的图形标记等非图形数据的高效设备。键盘也能用来进行屏幕坐标的输入、菜单选择或图形功能选择[4]。键盘按功能可以分为主键盘区、Num 数字辅助键盘区、F 键功能键盘区、控制键区，多功能键盘还增添了快捷键区。另外，键盘上可以包含其他类型的光标定位设备，如跟踪球或操纵杆。

2．鼠标器

鼠标器（Computer Mouse）俗称鼠标，因其形似老鼠而得名，是一种移动光标和做选择操作的计算机输入设备。鼠标根据其测量位移的原理不同，可以分为机械鼠标、光机鼠标和光电鼠标。

（1）机械鼠标

机械鼠标由 Douglas Engelbart 发明，他在 1968 年的计算机会议上展示了自己发明的鼠标，其由一个触点和两个相互垂直的轮子构成。每个轮子分别带动一个机械变阻器，当鼠标移动时会改变变阻器的电阻值。如果施加的电压固定不变，那么鼠标所反馈的电信号强度就会发生变化，从而可以计算出鼠标在两个垂直方向的位移，进而产生一组随鼠标移动而变化的动态坐标。

为操作方便，鼠标上的两个轮子被改为可四向滚动的小球。小球滚动时会带动一对转轴，每个转轴的末端有一个圆形的译码轮，译码轮上附有金属导电片与电刷直接接触。当转轴转动时，这些金属导电片就会与电刷依次接触，出现"接通"或"断开"两种形态，前者对应二进制数"1"，后者对应二进制数"0"。这些二进制信号被送至鼠标内部的专用芯片解析处理并产生对应的坐标变化信号。

（2）光机鼠标

在长期的使用中，金属导电片与电刷之间容易接触不良，于是研究者在机械鼠标的译码轮上制作光栅，当鼠标移动时，跟踪球带动光栅轮旋转，光敏元件在接收发光二极管发出的光时被光栅轮间断地遮挡，从而产生脉冲信号，通过鼠标内部的芯片处理后被 CPU 接收。信号的数量和频率对应光标在屏幕上移动的距离和速度。

（3）光电鼠标

光机鼠标在使用过程中跟踪球容易附着异物而运动受限，为此，有研究者发明了光电鼠标，但其需要专门的鼠标垫。随着图像处理技术的发展，改进的光电鼠标不需要鼠标垫，可以在大多数漫反射表面上操作，其核心部件是发光二极管、微型摄像头、光学引擎和控制芯片。工作时，发光二极管发射光线照亮鼠标底部的表面，同时微型摄像头以一定的时间间隔不断进行图像拍摄。鼠标在移动过程中产生的不同图像传送给光学引擎进行数字化处理，最后由光学引擎中的定位数字信号处理（Digital Signal Processing, DSP）芯片对所产生的图像数字矩阵进行分析。由于相邻的两幅图像总会存在相同的特征，通过对比这些特征点的位置变化信息，便可以判断鼠标的移动方向与距离，这个分析结果最终被转换为坐标偏移量实现光标的定位。

目前，光电鼠标已成为主流产品，其形式多样，包括有线鼠标和无线鼠标，根据按键的数量可以分为两键鼠标、三键鼠标、五键鼠标等。

3．扫描仪

扫描仪（Scanner）是利用光电技术和数字处理技术，以扫描方式将图形或图像信息转换为数字信号的装置。照片、文本页面、图纸、美术图画、照相底片、菲林软片，甚至纺织品、标牌面板、印制板样品等都可作为扫描对象，一旦获得图形的数字化表示，就可以进行旋转、缩放等图形变换操作，或者图像增强、特征检测等图像处理操作。

扫描仪主要由光学部分、机械传动部分和光电转换部分组成。其中，光电转换部分是核心部件。按照光电转换原理的不同，扫描仪可以分为 3 种：CCD 扫描仪、接触式图像传感器（Contact Image Sensor, CIS）或二极管直接曝光（LED in Direct Exposure, LIDE）扫描仪和光电倍增管（Photomultiplier Tube, PMT）扫描仪。

（1）CCD 扫描仪

多数平板式扫描仪使用 CCD 作为光电转换元件，CCD 扫描仪在图像扫描设备中最具代表性。其原理与数字相机类似，都使用 CCD 作为图像传感器。但不同的是，数字相机使用的是面阵 CCD，而 CCD 扫描仪使用的是线阵 CCD，即一维图像传感器。

（2）CIS 或 LIDE 扫描仪

CIS 扫描仪使用 CIS 作为光电转换元件，一般使用硫化镉作为感光材料。硫化镉光敏电阻漏电大，各感光单元之间干扰大，严重影响清晰度，因此，CIS 扫描仪精度不高。CIS 扫描仪不能使用冷阴极灯管而只能使用发光二极管（Light Emitting Diode，LED）阵列作为光源。

针对 LED 产生的光线比较弱，很难保证扫描图像所需的亮度这一问题，佳能公司对二极管装置及引导光线的光导材料进行了改进，提出 LIDE 技术，使二极管光源可以产生均匀且足够强的光。

相对于 CCD 扫描仪而言，CIS 或 LIDE 扫描仪只能对平面对象扫描，不适合扫描摆放不平的文稿和图片，且扫描精度较低，但是，其优点是设计制造成本低，产品更薄，没有明显的等待时间。

（3）PMT 扫描仪

PMT 为滚筒式扫描仪采用的光电转换元件。在各种感光器件中，光电倍增管是性能最好的一种，无论在灵敏度、噪声系数还是动态范围上都遥遥领先于其他感光器件，而且它的输出信号在相当大范围内保持着高度的线性输出，输出信号几乎不做任何修正就可以获得准确的色彩还原。

4．触摸屏

触摸屏（Touch Screen）又称为触控屏、触控面板，是一种可接收触头等的输入信号的感应式液晶显示装置，当接触屏幕上的图形按钮时，屏幕上的触觉反馈系统可根据预先编写的程序驱动各种连接装置，可以取代机械式的按钮面板，并借由液晶显示画面制造出生动的影音效果。触摸屏提供了一种简单、方便、自然的人机交互方式。它赋予了多媒体以崭新的面貌，是极富吸引力的全新多媒体交互设备。

5．数据手套

数据手套是一种相对比较新的输入设备，它可以根据手和手指的运动，提供准确的即时控制功能，数据手套内部的传感器获取手的细微运动并把它们转化成数值。这种设备特别适合与程序相关联的运动环境。

3.1.3　图形显示设备

图形显示设备是计算机图形学中必不可少的装置，包括随机扫描显示器和光栅扫描显示器。

1．随机扫描显示器

早期随机扫描显示器采用阴极射线管，将电子枪发射的电子束（阴极射线）通过聚焦系统和偏转系统，射向涂有荧光层的屏幕上的指定位置，从而显示图像。在电子束轰击的每个位置，荧光层都会产生一个小亮点。由于荧光层发射的光会很快衰减，因此必须快速刷新以防止屏幕闪烁。

随机扫描显示器也称为矢量显示器，是一种特殊类型的示波器，它只能显示线条，区域填充只能采用不同的交叉阴影线来模拟。由于其仅扫描有显示内容的位置，而不是整个屏幕，每帧图显示的内容可能不同，每次扫描的方式也就可能不同，因此被称为随机扫描。在设计中可满足建筑规划、线路板布局等多种应用的需要。但是，它不能满足真实图形显示的需求。

随机扫描显示器使用了一个独立的存储器来存储图形信息，然后不断地取出这些信息刷新屏幕。存取速度的限制使稳定显示前提下的画线长度有限，且造价较高。针对这些问题，20 世纪 70 年代后期发展出了利用阴极射线管自身来存储信息的技术，这就是存储管技术。采用这种技术的显示器称为存储管式的图形显示器。

2．光栅扫描显示器

光栅扫描显示器是一种用光栅扫描原理显示图像或字符的装置，技术成熟，价格便宜。常用的光栅显示器包括 CRT 显示器、等离子体显示器、LED 显示器、液晶显示器、触摸屏等。

（1）CRT 显示器

早期光栅扫描显示器采用阴极射线管，与随机扫描显示器不同的是，它每次扫描全部屏幕，扫描的方式分为逐行扫描和隔行扫描，扫描的起点和顺序是固定不变的。这种显示器由于体积大、笨重，正在逐步被淘汰。

（2）等离子体显示器

等离子体显示器通常由包含氖气的混合气体充入两块玻璃板之间构成。其中，一块玻璃板上放置一组垂直导电带，而另一块玻璃板上放置一组水平导电带。在成对的水平和垂直导电带上施加点火电压，导致两导电带交叉点处的气体进入电子和离子的辉光放电等离子区。图形的定义存储在刷新缓存中，点火电压以每秒 60 次的速度刷新像素位置（导电带的交叉处）。像素之间的分隔是由导电带的电场提供的。

（3）LED 显示器

LED 显示器将 LED 以矩阵形式排列于显示器的像素位置，图形的定义存储在刷新缓存中。如同 CRT 的扫描线刷新一样，信息从刷新缓存读出，并转换为电压施加于二极管上使其发光，在显示器上产生特定图案。

（4）液晶显示器

在常温条件下，液晶既有液体的流动性，又有晶体的光学各向异性，因而被称为"液晶"。在电场、磁场、温度、应力等外部条件的影响下，液晶分子容易发生再排列，其光学性质随之变化。

液晶显示器利用液晶的"电-光效应"，将液晶材料充入两块玻璃板之间，每块玻璃板上都有一个光偏振器，与另一块形成合适的角度。在一块玻璃板上排放水平透明导体行，而另一块板上则放置垂直透明导体列。行、列导体的每个交叉点定义一个像素位置。经过液晶材料的偏振光被扭曲，通过对面的偏振器反射给观察者。如果不显示像素，则将电压置于两导体交叉点，使分子对齐不再扭曲偏振光。

3.1.4 图形绘制设备

图形显示设备只能在屏幕上产生各种图形，但有时需要把图形绘制在纸上，因此需要图形绘制设备。图形绘制设备也称为硬拷贝设备，常用的有打印机和绘图仪。

打印机是价格低廉的绘制图纸的硬拷贝设备，从打印方式上可分为撞击式和非撞击式两种。撞击式打印机将字符通过色带印在纸上，如行式打印机、点阵式打印机等。非撞击式打印机常用的技术有喷墨技术、激光技术等。非撞击式打印机速度快，噪声小，已逐渐取代撞击式打印机。

1．针式打印机

针式打印机是通过打印头中的针击打复写纸，从而形成文字和图形。针式打印机能够实现多张纸一次性打印完成，而喷墨打印机、激光打印机无法实现这一功能。针式打印机一直都拥有自己独有的市场份额。但是，针式打印机打印效果一般，且噪声大。

2．喷墨打印机

喷墨打印机既可用于打印文字又可用于打印图纸。喷墨打印机的关键部件是喷墨头，通常分为连续式和随机式。连续式喷墨打印机的墨滴喷射速度较快，但需要墨水泵和墨水回收装置，机械结构比较复杂。随机式喷墨打印机的墨滴喷射是随机的，只有在需要印字（图）时才喷出墨滴，不需墨水泵和墨水回收装置。它与连续式喷墨打印机相比，结构简单，成本低，可靠性较高，但是，因受射流惯性的影响墨滴喷射速度慢。为了弥补这个缺点，不少随机式喷墨打印机采用了多喷嘴的方法来提高打印速度。

3．激光打印机

激光打印机的基本原理是首先将需要打印的二进制图文点阵信息加载到激光束，然后利用载有图文信息的激光束曝光硒鼓，在硒鼓的表面形成打印图文的静电潜像，再经过磁刷显影器显影，形成可见的墨粉像，当经过转印区时，在转印电极的电场作用下，墨粉便转印到打印纸上，最后经预热板及高温热滚定影，即在纸上形成文字及图像。

激光打印机由激光器、声光调制器、高频驱动、扫描器、同步器及光偏转器等组成，其结构复杂，造价高，优点是分辨率高，打印速度快，噪声小。

3.1.5 图形处理软件

图形处理软件分为两大类：专用应用图形软件包和通用图形编程软件包。专用应用图形软件包是为非程序员设计的，能自动生成图形、表格。专用软件包的接口通常是一组菜单，用户通过菜单与程序进行通信。这类应用的例子有绘画程序和各种建筑、商务、医学及工程CAD系统。

通用图形编程软件包提供一个可用于 C、C++、Java 等高级程序设计语言的图形函数库。典型的图形库中的基本函数用来描述图元（包括直线、多边形、球面和其他对象）、设定颜色、观察选择的场景和进行旋转或其他变换等。通用图形编程软件包有 GL（Graphics Library）、OpenGL、虚拟现实建模语言（Virtual-Reality Modeling Language, VRML）、Java 2D 和 Java 3D 等[4]。

3.2　基本图形的生成

光栅扫描显示器可以看作一个像素矩阵，光栅扫描显示器上显示的图形实际上都是一些具有一种或多种颜色像素的集合。确定一个像素集合及其颜色，用于显示一个图形的过程称为图形的生成，也称为图形的扫描转换或光栅化[2]。

3.2.1　直线段的生成

数学上的直线是没有宽度的由无数个点构成的集合，显然，光栅扫描显示器只能近似地显示直线。当我们对直线进行光栅化时，需要在显示器的有限像素中，确定最佳逼近该直线的一组像素，并且按扫描线顺序，对这些像素进行写操作，这个过程称为用显示器绘制直线或直线的扫描转换[5]。

直线的数学表达形式有一般式、点斜式、截距式、斜截式、两点式、法线式等，其中一般式和法线式可以表达任何情况下的直线。如果直接采用一般式或者法线式绘制直线计算量相对比较大，由于在一个图形中，可能包含成千上万条直线，因此要求算法绘制速度应尽可能快。

直线扫描转换的最简单方法是先算出直线的斜率，从直线的起点开始，对线段以 X 轴上单位间隔顺序采样，然后确定直线对应 Y 轴上最接近的整数值，得到最逼近直线的 Y 轴坐标。当直线的倾角小于 45°时显示效果较好，但当倾角接近 90°时，显示结果为一系列点，而不是连续的线。因此，当倾角大于 45°时，对线段以 Y 轴上单位间隔顺序采样，然后确定直线在对应 X 轴上最接近的整数值。这种方法直观可行，然而效率较低。因为每步运算都需要一个浮点乘法与一个舍入运算。下面介绍直线绘制的 3 个常用快速算法：数值微分法（Digital Differential Analyzer, DDA）、中点画线法和 Bresenham 算法。

1．数值微分法

数值微分法基本原理如图 3.1 所示。当直线的倾角不大于 45°时，直线的 X 坐标每增加 1，对应的 Y 坐标增加 k，即

$$y_{i+1} = y_i + k$$

其中，k 为直线斜率。

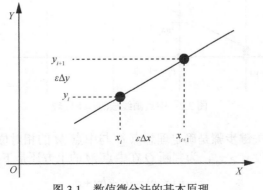

图 3.1　数值微分法的基本原理

即 $|k| \leqslant 1$ 时，

$$x_{i+1} = x_i + \Delta x = x_i \pm 1$$

$$y_{i+1} = y_i + \Delta y = y_i \pm k$$

为了保证直线显示的连续性，当直线的倾角大于 45°时，即 $|k|>1$ 时，

$$x_{i+1} = x_i + \Delta x = x_i \pm \frac{1}{k}$$

$$y_{i+1} = y_i + \Delta y = y_i \pm 1$$

考虑直线的倾角不大于和大于 45°两种情况，可以将直线坐标点的通用递推表达式写为

$$x_{i+1} = x_i + \varepsilon\Delta x$$

$$y_{i+1} = y_i + \varepsilon\Delta y$$

其中，$\varepsilon = \dfrac{1}{\max(|\Delta x|,|\Delta y|)}$。

数值微分法的实质是用数值方法求解微分方程，通过对 x 和 y 各增加一个小增量，计算下一步的 x、y 值。在一个迭代算法中，如果每一步的 x、y 值是用前一步的值加上一个增量来获得的，这种算法就称为增量算法。因此，数值微分法是一种增量算法。

2．中点画线法

数值微分法虽然不需要计算浮点乘法，但必须计算浮点加法，而且需要进行舍入取整，这使它不便于硬件实现。中点画线法可以解决这一问题。

为简化原理，假定直线斜率 k 为 $0\sim1$，当前像素点为 (x_i, y_i)，则下一个像素点有且只有两个可选择点 $P_d(x_i+1, y_i)$ 或 $P_u(x_i+1, y_i+1)$。若 P_d 与 P_u 的中点为 $M(x_i+1, y_i+0.5)$，Q 为理想直线 $ax+by+c=0$ 与竖线 $x=x_i+1$ 的交点，如图 3.2 所示。当 Q 在 M 的上方时，取 P_u 为下一个像素点；当 Q 在 M 的下方时，取 P_d 为下一个像素点。中点画线法的基本原理如图 3.2 所示。

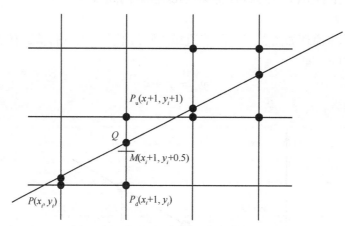

图 3.2　中点画线法的基本原理

实现中点画线法的关键步骤是确定理想点 Q 与中点 M 的相对位置。给定直线段 L 的起点 (x_0,y_0) 和终点 (x_1,y_1)，设 $x_1 > x_0$，为判断 Q 在中点 M 的上方还是下方，构造判别式如下。

$$F(x,y) = ax + by + c$$

其中，$a = y_0 - y_1$，$b = x_1 - x_0$，$c = x_0 y_1 - x_1 y_0$。将 M 点坐标代入判别式 $F(x, y)$ 中，计算结果为 d，则绘制下一个像素的方案如下。

（1）当 $d=0$ 时，M 在 L 上与 Q 点重合，P_d 或 P_u 均可作为下一个像素；

（2）当 $d<0$ 时，M 在 L 上 Q 点下方，取 P_u 为下一个像素；

（3）当 $d>0$ 时，M 在 L 上 Q 点上方，取 P_d 为下一个像素。

我们已经介绍了中点画线法的基本原理和实现方法，但其优势主要通过实现过程中的递推算法体现。下面推导递推公式。

设当前的 M 点坐标为 $(x_i + 1, y_i + 0.5)$，且

$$d_i = a(x_i + 1) + b(y_i + 0.5) + c$$

当 $d_i<0$ 时，下一个像素取右上方像素 P_u，此时，将下一个中点代入判别式 $F(x, y)$ 中，有

$$d_i + 1 = a(x_i + 2) + b(y_i + 1.5) + c =$$
$$a(x_i + 1) + b(y_i + 0.5) + c + a + b = d_i + a + b$$

当 $d_i \geqslant 0$ 时，下一个像素取正右方像素 P_d，此时，将下一个中点代入判别式 $F(x, y)$ 中，有

$$d_i + 1 = a(x_i + 2) + b(y_i + 0.5) + c =$$
$$a(x_i + 1) + b(y_i + 0.5) + c + a = d_i + a$$

再求 d 的初始值 d_0，显然，第一个像素点取起点 (x_0, y_0)，将中点代入判别式 $F(x, y)$ 中，有

$$d_0 = a(x_0 + 1) + b(y_0 + 0.5) + c =$$
$$ax_0 + dy_0 + c + a + 0.5b$$

由于 (x_0, y_0) 在直线上，因此 $ax_0 + by_0 + c = 0$，有

$$d_0 = a + 0.5b$$

由于只考虑 d 的正负，d 的增加量都是整数，仅初始值可能为小数，用计算 $2d$ 代替计算 d 对结果不会有影响，从而，绘制直线仅需要计算整数加法，不需要进行浮点加法和舍入运算[5]。

3. Bresenham 算法

Bresenham 算法是计算机图形学领域中使用最广泛的直线扫描转换算法。该算法最初是为数字绘图仪设计的，由于它也适用于光栅图形显示器，因此后来被广泛用于直线的扫描转换。

与中点画线法的原理相同，Bresenham 算法也是通过在每列像素中确定与理想直线最近的像素来进行直线的扫描转换，即过各行、各列像素中心构造一组虚拟网格线，从起点到终点计算直线与各垂直网格线的交点，然后确定该列像素中与此交点最近的像素。

Bresenham 算法在实现方法上与中点画线法不同，说明如下。

假定直线斜率 k 为 0～1，像素列坐标已经确定为 x_i，其行坐标为 y_i，那么下一个像素的列坐标为 x_i+1，而行坐标要么为 y_i，要么增加 1 为 y_i+1。是否增加 1 取决于误差项 d 的值。误差项 d 的初值 $d_0=0$，x 坐标每增加 1，d 的值相应增加直线的斜率值 k，即 $d=d+k$。一旦 $d\geqslant1$，就把它减去 1，保证 d 为 0～1。当 $d\geqslant0.5$ 时，直线与垂线 $x=x_i+1$ 交点最接近当前像素 (x_i, y_i) 的右上方像素 (x_i+1, y_i+1)；而当 $d<0.5$ 时，更接近正右方像素 (x_i+1, y_i)。为方便计算，令 $e=d-0.5$，e 的初值为 -0.5，增量为 k。当 $e\geqslant0$ 时，取当前像素 (x_i, y_i) 的右上方像素 (x_i+1, y_i+1) 为下一个像素；而当 $e<0$ 时，取 (x_i, y_i) 右方像素 (x_i+1, y_i) 为下一个像素。

需要注意的是，上面讨论的算法仅考虑了$|k| \leqslant 1$的情形。在这种情况下，x每增加1，y最多增加1。当$|k| > 1$时，必须把x与y地位互换，y每增加1，x相应增加$\dfrac{1}{k}$。

3.2.2　圆的生成

1．圆的定义及其特性

圆被定义为到给定中心位置(x_c, y_c)距离为r的点集。对于任意的圆点(x, y)，这个距离关系可用笛卡儿坐标系中的Pythagorean定理定义为

$$(x - x_c)^2 + (y - y_c)^2 = r^2$$

圆心位于原点的圆有4条对称轴$x=0, y=0, y=x$和$y=-x$。若已知圆弧上一点(x, y)，可以得到其关于4条对称轴的其他7个点，这种性质称为圆的八对称性，如图3.3所示。因此，只要扫描转换八分之一圆弧，就可以求出整个圆的像素集[6]。如果圆心不在原点，为了利用这种对称性，可以先通过平移变换将其转换为圆心在原点的圆，然后进行扫描变换。

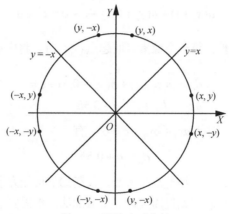

图3.3　圆的八对称性

2．圆在扫描转换中存在的问题

利用圆方程，我们可以沿X轴从$x_c - r$到$x_c + r$以单位步长计算对应的y值，从而得到圆周上每点的位置。

$$y = y_c \pm \sqrt{r^2 - (x_c - x)^2}$$

这种方法在确定每一个像素点时都包含很大的计算量，且圆上的切线接近竖直方向的部分不连续。可以在圆切线斜率的绝对值大于1后，交换x和y（即递增y值并计算x值）来调整间距。但是，这种方法增加了算法所需的计算量和步骤。另一种方法是使用圆的极坐标参数方程来计算沿圆周上的点，但其涉及的三角函数计算十分耗时。

通过在每一采样步骤中寻找最接近圆周像素的决策参数，可以将光栅系统的Bresenham算法移植为画圆算法。圆方程是非线性的，计算像素与圆的距离必须进行平方根运算。Bresenham画圆算法通过比较像素与圆的距离的平方而避免了平方根运算。

然而，不做平方运算而直接比较距离是可能的。其基本思想是判断两像素的中点是在圆

边界之内还是之外。这种方法更易应用于其他圆锥曲线，对于整数圆半径，中点画圆法生成与 Bresenham 画圆算法相同的像素位置。而且使用中点检验时，沿任何圆锥截面曲线所确定的像素位置，其误差限制在像素间隔的 $\frac{1}{2}$ 以内。

3. 中点画圆法

要求出整个圆的像素集只需要扫描转换八分之一圆弧，通常采用中点画圆法实现，其基本原理如图 3.4 所示。下面将对其进行详细叙述。

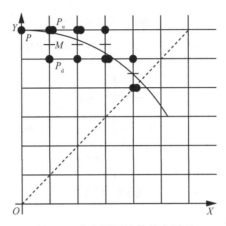

图 3.4　中点画圆法的基本原理

构造函数 $F(x, y) = x^2 + y^2 - R^2$，则对于圆上的点 $F(x, y) = 0$，对于圆外的点 $F(x, y) > 0$，对于圆内的点 $F(x, y) < 0$。与中点画线法相同，构造判别式如下。

$$d = F(M) = F(x_p + 1, y_p - 0.5) = (x_p + 1)^2 + (y_p - 0.5)^2 - R^2$$

若 $d{<}0$，则取 P_d 为下一像素，再下一像素的判别式为

$$d = F(x_p + 2, y_p - 0.5) = (x_p + 2)^2 + (y_p - 0.5)^2 - R^2 = d + 2x_p + 3$$

若 $d{\geqslant}0$，则取 P_u 为下一像素，再下一像素的判别式为

$$d = F(x_p + 2, y_p - 1.5) = (x_p + 2)^2 + (y_p - 1.5)^2 - R^2 = d + 2(x_p - y_p) + 5$$

这里讨论的第一个像素是 (0,R)，判别式 d 的初始值为[6]

$$d_0 = F(1, R - 0.5) = 1.25 - R$$

利用上述递推公式，可以显著提升算法的速度。

3.2.3　椭圆的生成

椭圆可以看作经过修改的圆，它的半径从一个方向的最大值变到其正交方向的最小值。椭圆内部这两个方向正交的线段称为椭圆的长轴和短轴[7]。

1. 椭圆的定义和特点

通过椭圆上任一点到被称为椭圆焦点的两个定点的距离可给出椭圆的精确定义，椭圆上

任一点到这两点的距离之和都等于一个常数。如果椭圆上的任一点 $p = (x, y)$ 到两个焦点的距离为 d_1 和 d_2，那么椭圆的通用方程可以表示为

$$d_1 + d_2 = C$$

其中，C 为常数。当椭圆的长轴和短轴方向与坐标轴方向平行，且椭圆中心为原点时，如图 3.5 所示，椭圆方程可以写为

$$\frac{x^2}{a^2} + \frac{y^2}{b^2} = 1$$

其中，a、b 分别为椭圆的长轴和短轴。椭圆方程可改写为

$$F(x, y) = b^2 x^2 + a^2 y^2 - a^2 b^2 = 0$$

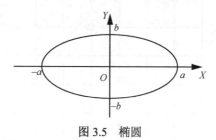

图 3.5　椭圆

函数 $F(x, y)$ 具有如下性质。

$$F(x, y) \begin{cases} < 0, (x, y)\text{在椭圆内} \\ = 0, (x, y)\text{在椭圆上} \\ > 0, (x, y)\text{在椭圆外} \end{cases}$$

椭圆的对称性如图 3.6 所示，当椭圆中心位于原点时，其关于 X 轴和 Y 轴对称，即已知弧上一点 (x, y)，可以得到其关于 X 轴和 Y 轴的其他 3 个对称点。因此，只要扫描转换第一象限的椭圆弧，就可以求出整个椭圆的像素集。当椭圆中心不在原点时，为了利用这种对称性可以先通过平移变换将其转换为在原点的椭圆，然后进行扫描变换。

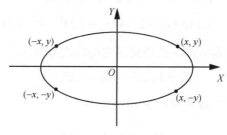

图 3.6　椭圆的对称性

2．中点椭圆算法

上文已经说明要求出整个椭圆的像素集只需要扫描转换第一象限的椭圆弧，通常采用中点椭圆算法实现，下面进行详细叙述。

（1）第一象限的椭圆弧分段

在扫描转换第一象限的椭圆弧时，为保证弧线的连续性，通常以弧上切线斜率为 -1 的点

作为分界将第一象限椭圆弧分为上下两部分（如图 3.7 所示），分别进行处理。椭圆上任一点 (x, y) 的法向量为[2]

$$N(x, y) = \frac{\partial F}{\partial x} i + \frac{\partial F}{\partial y} j = 2b^2 x_i + 2a^2 y_j$$

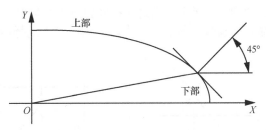

图 3.7　第一象限的椭圆弧

若在当前中点，法向量的 y 分量比 x 分量大，即

$$b^2 (x_i + 1) < a^2 (y_i - 0.5)$$

而在下一个中点，不等号改变方向，则说明椭圆弧从上部分转入下部分。

（2）第一象限的椭圆弧上部的扫描变换

椭圆弧扫描变换的原理与中点画圆算法类似，确定一个像素之后，利用两个候选像素的中点来计算判别式的值，并根据值的符号选取最终的像素点。

先讨论椭圆弧的上部，其绘制原理如图 3.8 所示。假设当前与椭圆最接近的点为 $P(x_i, y_i)$ ，那么下一对候选像素的中点为 $M(x_i + 1, y_i - 0.5)$，如图 3.8 中短横线所示，直线交点以外的圆点表示其左边的点为最终确定的椭圆像素，将 M 点坐标代入函数 $F(x, y)$ 中，得

$$F(x_i + 1, y_i - 0.5) = b^2 (x_i + 1)^2 + a^2 (y_i - 0.5)^2 - a^2 b^2 = d_i$$

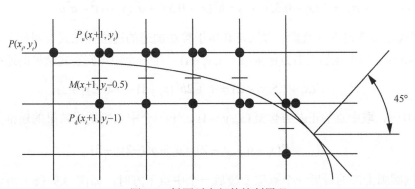

图 3.8　椭圆弧上部的绘制原理

由判别式结果确定下一像素的方法，及其用于算法加速的递推关系式说明如下。

当 $d_i \leq 0$ 时，取中点正上方的像素 $(x_i + 1, y_i)$ ，下一个中点判别式结果的递推关系式为

$$d_{i+1} = F(x_i + 2, y_i - 0.5) = d_i + b^2 (2x_i + 3)$$

当 $d_i > 0$ 时，取中点正下方的像素 $(x_i + 1, y_i - 1)$ ，下一个中点判别式结果的递推关系式为

$$d_{i+1} = F(x_i + 2, y_i - 1.5) = d_i + b^2 (2x_i + 3) - 2a^2 (y_i - 1)$$

第一象限的椭圆弧上部起点坐标为$(0, b)$，第一个中点坐标为$(1, b-0.5)$，则判别式$F(x, y)$的初始值为

$$d_{0u} = F(1, b-0.5) = b^2 + a^2(b-0.5)^2 - a^2b^2 = b^2 + a^2(-b+0.25)$$

（3）第一象限的椭圆弧下部的扫描变换

椭圆弧下部绘制原理如图3.9所示。当进入椭圆弧下部区域时，以Y方向取单位步长，其初始点(x_i, y_i)就是上部分椭圆弧的最后一个点，直到区域中选择的最后位置$(a, 0)$。

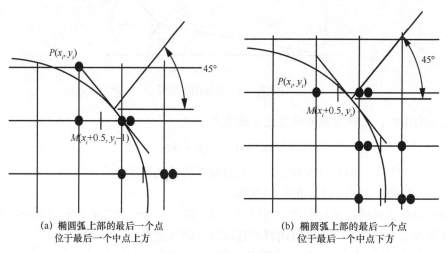

(a) 椭圆弧上部的最后一个点   (b) 椭圆弧上部的最后一个点
位于最后一个中点上方   位于最后一个中点下方

图3.9 椭圆弧下部的绘制原理

① 当椭圆弧上部的最后一个点位于最后一个中点上方时，如图3.9（a）所示，则椭圆弧下部的第一对候选像素点的中点坐标为$(x_i + 0.5, y_i - 1)$，那么判别式$F(x, y)$的初始值为

$$d_{0d} = F(x_i + 0.5, y_i - 1) = b^2(x_i + 0.5)^2 + a^2(y_i - 1)^2 - a^2b^2$$

由判别式结果确定下一像素的方法及其用于算法加速的递推关系式说明如下。

当$d_i \leqslant 0$时，取中点的正右方像素$(x_i + 1, y_i - 1)$，下一个中点判别式结果的递推关系式为

$$d_{i+1} = F(x_i + 1.5, y_i - 2) = d_i + 2b^2(x_i + 1) + a^2(-2y_i + 3)$$

当$d_i > 0$时，取中点的正左方像素$(x_i, y_i - 1)$，下一个中点判别式结果的递推关系式为

$$d_{i+1} = F(x_i + 0.5, y_i - 2) = d_i + a^2(-2y_i + 3)$$

② 当椭圆弧上部的最后一个点位于最后一个中点下方时，如图3.9（b）所示，则椭圆弧下部的第一对候选像素点的中点坐标为$(x_i + 0.5, y_i)$，那么判别式$F(x, y)$的初始值为

$$d_{0d} = F(x_i + 0.5, y_i) = b^2(x_i + 0.5)^2 + a^2y_i^2 - a^2b^2$$

由判别式结果确定下一像素的方法及其用于算法加速的递推关系式说明如下。

当$d_i \leqslant 0$时，取中点的正右方像素$(x_i + 1, y_i)$，下一个中点判别式结果的递推关系式为

$$d_{i+1} = F(x_i + 1.5, y_i - 1) = d_i + 2b^2(x_i + 1) + a^2(-2y_i + 1)$$

当$d_i > 0$时，取中点的正左方像素(x_i, y_i)，下一个中点判别式结果的递推关系式为

$$d_{i+1} = F(x_i + 0.5, y_i - 1) = d_i + a^2(-2y_i + 1)$$

需要注意的是，上述两种情况中点与参考点(x_i, y_i)的位置关系不同。换句话说，上述内容给出了中点与参考点(x_i, y_i)在两种相对位置关系下的递推关系式。为了简化计算，也可以顺时针方向从$(a,0)$开始确定像素位置，则判别式$F(x, y)$的初始值为

$$d_{0d} = F(a, 0) = 0$$

3.2.4　多边形及区域填充

多边形在数学上定义为由 3 个或更多顶点坐标描述的平面图形，这些顶点由线段顺序连接，这些线段称为多边形的边，各边之间除了端点之外没有其他的公共点。多边形分为 3 种：凸多边形、凹多边形和含内环的多边形。

由两条相邻边形成的多边形边界内的角，称为内角。如果一个多边形的所有内角均小于180°，则该多边形为凸多边形；反之，则为凹多边形。相对而言，凹多边形的处理较为复杂，为此，一般将凹多边形分解成一组凸多边形后进行处理。含内环的多边形是指多边形内再套多边形，多边形内的多边形也叫内环[7]。

1. 多边形的表示方法

在计算机图形学中，多边形有两种重要的表示方法。

（1）顶点表示用多边形顶点的序列来描述多边形。该方法几何意义强，所需存储空间小，但不容易判断某点是否位于多边形内部。

（2）点阵表示用位于多边形内的像素集合来描述多边形。该方法不包含多边形的几何信息，但具有着色所需要的图像表示形式。

2. 顶点表示转换成点阵表示

将顶点表示形式转换成点阵表示形式，即多边形填充，主要有 3 种方法：逐点判断法、扫描线算法、边缘填充法。

（1）逐点判断法

逐点判断法逐个点判断其是否在多边形内，从而得到多边形的点阵表示。判断点在多边形的内外关系的方法有 3 种：射线法、累计角度法、编码法。

① 射线法

一般采用奇偶规则实现判断，即从任意位置 P 作一条射线，该射线与多边形边的交点数目为奇数，则 P 在多边形内部，否则在外部。该方法简单快速，但当射线恰好经过多边形的顶点时，如图 3.10 所示，可能判断错误。

图 3.10　射线经过多边形顶点示例

为解决这一问题，在奇偶规则的基础上增加了约束条件：射线两侧都有边时交点有效（计

数），否则交点无效（不计数），射线与多边形某边重合时只计一次相交。

② 累计角度法

下面通过一个实例介绍累计角度法。多边形 $V_1V_2V_3$ 按顺时针方向依次确定各边的方向，如图 3.11 所示，从 P 点向多边形各顶点发出射线，形成有向角 θ_1、θ_2、θ_3，分别为边 V_1V_2、V_2V_3、V_3V_1 所对的角，角的方向与边的方向一致。

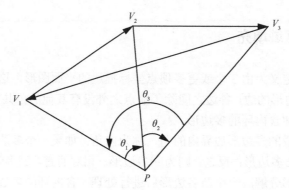

图 3.11   累计角度法实例

设逆时针方向为正，则 θ_1、θ_2 为负值，θ_3 为正值，将所有有向角相加，有

$$\sum_{i=1}^{3}\theta_i = \begin{cases} 0, & P\text{位于多边形外} \\ \pm 2\pi, & P\text{位于多边形内} \end{cases}$$

③ 编码法

编码法是累计角度法的离散化方法。它不需要精确表示有向角，而是用顶点的编码离散化表示。假设多边形的各边方向与累计角度法实例相同，各顶点 V_1、V_2、V_3 分别用 1、2、3 编码，各有向角 θ_i 分别用其所对边的端点编码表示（箭头编码减箭尾编码），则 $\theta_1=2-1=1$，$\theta_2=3-2=1$，$\theta_3=1-3=-2$，有

$$\sum_{i=1}^{3}\theta_i \begin{cases} = 0, & P\text{位于多边形外} \\ \neq 0, & P\text{位于多边形内} \end{cases}$$

（2）扫描线算法

扫描线算法利用一条扫描线与多边形的边有偶数个交点的规律，对交点按坐标值大小排序并配对，然后对奇数点到偶数点之间的线段进行填充，如图 3.12 所示。

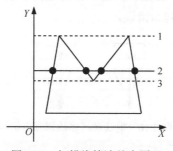

图 3.12   扫描线算法基本原理

扫描线算法需要注意以下几点。

① 当交点为顶点时，如图 3.12 中扫描线 1 和扫描线 3 所示，简单应用扫描线算法会出错。常用的解决方案是：当连接顶点的两条边位于扫描线同侧时，则该交点无效；当连接顶点的两条边位于扫描线两侧时，则该交点有效。

② 当多边形的边与扫描线重合时，可看作有无数个交点，此时，将此边当成线段直接生成。

③ 当交点的坐标为小数时，采用四舍五入的方式描点是不恰当的。因为，这样可能使生成的像素位于多边形之外。常用的解决方案是：奇数交点向与之配对的偶数交点侧取整；偶数交点向与之配对的奇数交点侧取整。

扫描线算法利用了相邻像素之间的连贯性，从而提高了算法效率，但该算法只适用于非自交多边形（边与边之间除了顶点外无其他交点）。

（3）边缘填充法

与扫描线算法不同，边缘填充法不需要对交点排序。下面以某一条扫描线为例对边缘填充法进行介绍，边缘填充法原理如图 3.13 所示。设某条扫描线上存在与多边形相交的 4 个交点，随机对其编号为 X_1、X_2、X_3、X_4。设扫描线上各点值为二进制 0，令 0 表示背景色，1 表示多边形颜色，对每个交点右侧所有的点取反。步骤 1，X_1 右侧的扫描线上各点取反后为 1，用圆斑表示，如图 3.13（a）所示。步骤 2，对 X_2 右侧的扫描线上各点取反，如图 3.13（b）所示。步骤 3，对 X_3 右侧的扫描线上各点取反，如图 3.13（c）所示。步骤 4，对 X_4 右侧的扫描线上各点取反，如图 3.13（d）所示。可见，边缘填充法能实现多边形内部的填充。

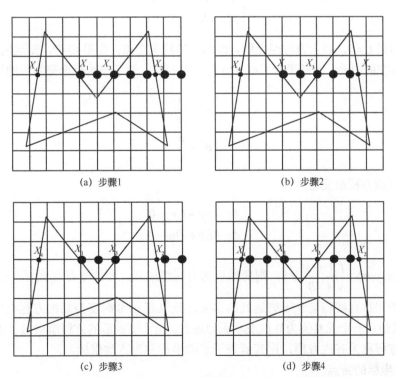

图 3.13　边缘填充法原理

边缘填充法算法操作简单，不需要对交点排序，但对于复杂图形，每一像素可能被访问多次，输入/输出数据的次数比扫描线算法大得多。因而，该算法只适用于具有帧缓存的图形系统，减少系统读入/读出需要的时间。

3.3 图形变换

图形变换主要有两种形式：几何变换和坐标变换。几何变换使用同一规则改变物体的几何结构，但是保证底层坐标系不变。几何变换包括仿射变换、透视变换等。坐标变换在新坐标系下表示原坐标系下物体上的所有点。两种变换各有所长且密切相关，它们实现的方式不同。

3.3.1 齐次坐标

齐次坐标是计算机图形学的重要表示手段之一，它既能够用来明确区分向量和点，也更便于进行图形变换。

1. 齐次坐标的概念

笛卡儿坐标系中，设两条平行直线的方程为

$$\begin{cases} A'x + B'y + C = 0 \\ A'x + B'y + D = 0 \end{cases}$$

显然，如果 $C \neq D$，以上方程组无解，即两平行线无交点；如果 $C=D$，则这两平行线重合。但是，在投影空间中看，两条平行直线在无穷远处相交。为了表达投影空间中的这种关系，令

$$\begin{cases} A' = \dfrac{A}{w} \\ B' = \dfrac{B}{w} \end{cases}$$

则以上直线方程组变为

$$\begin{cases} Ax + By + Cw = 0 \\ Ax + By + Dw = 0 \end{cases}$$

如果取 $(x, y, w) = \left(\dfrac{1}{A}, \dfrac{-1}{B}, 0\right)$，则变换后的方程组成立，即两平行直线存在交点。基于投影空间中两条平行直线相交于无穷远处的事实，且只有 $w=0$ 时变换后的方程组才可能有解，所以，可以设最后一个元素值为 0 以表示无穷远点。由于变换后的方程组中每一项都含有一次变量，这种方程称为齐次方程，用其解表示点的坐标称为齐次坐标。

2. 齐次坐标的特点

对于普通坐标的三维空间点 $P = (P_x, P_y, P_z)$，有对应的一组齐次坐标 (wP_x, wP_y, wP_z, w)，

其中 $w \neq 0$。对于普通坐标的二维空间点 $P = (P_x, P_y)$，有对应的一组齐次坐标 (wP_x, wP_y, w)，其中 $w \neq 0$。$(P_x, P_y, P_z, 0)$ 和 $(P_x, P_y, 0)$ 分别为三维空间和二维空间中无穷远点的齐次坐标。

3.3.2　坐标变换

1．坐标平移变换

设平面直角坐标系 XOY 中有一点 $P(x, y)$，将原点平移到原坐标系中的 $M(x_0, y_0)$，得到新的坐标系 $X'O'Y'$，如图 3.14 所示，在新坐标系中 P 的坐标值设为 (x', y')，则有

$$\begin{cases} x' = x - x_0 \\ y' = y - y_0 \end{cases}$$

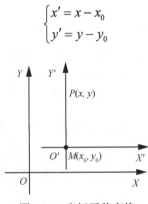

图 3.14　坐标平移变换

齐次坐标下，坐标值 (x', y') 可用矩阵乘法表示为

$$\begin{bmatrix} x' \\ y' \\ 1 \end{bmatrix} = \begin{bmatrix} 1 & 0 & -x_0 \\ 0 & 1 & -y_0 \\ 0 & 0 & 1 \end{bmatrix} \begin{bmatrix} x \\ y \\ 1 \end{bmatrix}$$

对应地，将三维坐标原点平移到原坐标系中的 $M(x_0, y_0, z_0)$，设原坐标系中的点 $P(x, y, z)$ 在新坐标系中的坐标为 (x', y', z')，则两者关系式为[8]

$$\begin{bmatrix} x' \\ y' \\ z' \\ 1 \end{bmatrix} = \begin{bmatrix} 1 & 0 & 0 & -x_0 \\ 0 & 1 & 0 & -y_0 \\ 0 & 0 & 1 & -z_0 \\ 0 & 0 & 0 & 1 \end{bmatrix} \begin{bmatrix} x \\ y \\ z \\ 1 \end{bmatrix}$$

2．坐标旋转变换

设平面直角坐标系 XOY 中有一点 $P(x, y)$，将原坐标系绕原点逆时针旋转角 $\theta(\theta > 0)$ 后，得到新的坐标系 $X'O'Y'$，如图 3.15 所示，在新坐标系中点 P 的坐标值设为 (x', y')。

P 与 P' 的关系可表示为

$$x' = r\cos(\alpha - \theta) = r\cos\alpha\cos\theta + r\sin\alpha\sin\theta = x\cos\theta + y\sin\theta$$

$$y' = r\sin(\alpha - \theta) = r\sin\alpha\cos\theta - r\cos\alpha\sin\theta = y\cos\theta - x\sin\theta$$

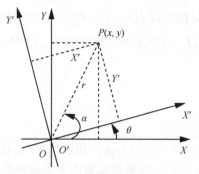

图 3.15　坐标旋转变换

齐次坐标下，上述关系式可以用矩阵乘法表示为

$$\begin{bmatrix} x' \\ y' \\ 1 \end{bmatrix} = \begin{bmatrix} \cos\theta & \sin\theta & 0 \\ -\sin\theta & \cos\theta & 0 \\ 0 & 0 & 1 \end{bmatrix} \begin{bmatrix} x \\ y \\ 1 \end{bmatrix}$$

如果绕原点顺时针旋转角 $\theta(\theta > 0)$ ，则齐次坐标下可用矩阵乘法表示为

$$\begin{bmatrix} x' \\ y' \\ 1 \end{bmatrix} = \begin{bmatrix} \cos\theta & -\sin\theta & 0 \\ \sin\theta & \cos\theta & 0 \\ 0 & 0 & 1 \end{bmatrix} \begin{bmatrix} x \\ y \\ 1 \end{bmatrix}$$

对三维坐标进行旋转变换。逆时针旋转是指逆着坐标轴的正方向看与时钟逆向转动的方向一致，如图 3.16 所示。

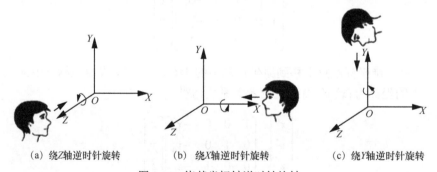

(a) 绕Z轴逆时针旋转　　　(b) 绕X轴逆时针旋转　　　(c) 绕Y轴逆时针旋转

图 3.16　绕某坐标轴逆时针旋转

绕原点二维旋转可以看作三维坐标系中绕 Z 轴逆时针旋转的一种特殊情况。三维空间点 $P(x,y,z)$ 绕 Z 轴逆时针旋转角 $\theta(\theta > 0)$ 后的齐次坐标为

$$\begin{bmatrix} x' \\ y' \\ z' \\ 1 \end{bmatrix} = \begin{bmatrix} \cos\theta & \sin\theta & 0 & 0 \\ -\sin\theta & \cos\theta & 0 & 0 \\ 0 & 0 & 1 & 0 \\ 0 & 0 & 0 & 1 \end{bmatrix} \begin{bmatrix} x \\ y \\ z \\ 1 \end{bmatrix}$$

令

$$\boldsymbol{R}_Z(\theta) = \begin{bmatrix} \cos\theta & \sin\theta & 0 & 0 \\ -\sin\theta & \cos\theta & 0 & 0 \\ 0 & 0 & 1 & 0 \\ 0 & 0 & 0 & 1 \end{bmatrix}$$

为绕 Z 轴逆时针旋转的旋转矩阵，则 $P(x,y,z)$ 绕 Z 轴逆时针旋转角 $\theta\,(\theta>0)$ 后的齐次坐标可以简化为

$$\begin{bmatrix} x' \\ y' \\ z' \\ 1 \end{bmatrix} = \boldsymbol{R}_Z(\theta) \begin{bmatrix} x \\ y \\ z \\ 1 \end{bmatrix}$$

其绕 X 轴逆时针旋转角 $\theta\,(\theta>0)$ 后的齐次坐标为

$$\begin{bmatrix} x' \\ y' \\ z' \\ 1 \end{bmatrix} = \begin{bmatrix} 1 & 0 & 0 & 0 \\ 0 & \cos\theta & \sin\theta & 0 \\ 0 & -\sin\theta & \cos\theta & 0 \\ 0 & 0 & 0 & 1 \end{bmatrix} \begin{bmatrix} x \\ y \\ z \\ 1 \end{bmatrix}$$

令

$$\boldsymbol{R}_X(\theta) = \begin{bmatrix} 1 & 0 & 0 & 0 \\ 0 & \cos\theta & \sin\theta & 0 \\ 0 & -\sin\theta & \cos\theta & 0 \\ 0 & 0 & 0 & 1 \end{bmatrix}$$

为绕 X 轴逆时针旋转的旋转矩阵，则 $P(x,y,z)$ 绕 X 轴逆时针旋转角 $\theta\,(\theta>0)$ 后的齐次坐标可以简化为

$$\begin{bmatrix} x' \\ y' \\ z' \\ 1 \end{bmatrix} = \boldsymbol{R}_X(\theta) \begin{bmatrix} x \\ y \\ z \\ 1 \end{bmatrix}$$

其绕 Y 轴逆时针旋转角 $\theta\,(\theta>0)$ 后的齐次坐标为

$$\begin{bmatrix} x' \\ y' \\ z' \\ 1 \end{bmatrix} = \begin{bmatrix} \cos\theta & 0 & -\sin\theta & 0 \\ 0 & 1 & 0 & 0 \\ \sin\theta & 0 & \cos\theta & 0 \\ 0 & 0 & 0 & 1 \end{bmatrix} \begin{bmatrix} x \\ y \\ z \\ 1 \end{bmatrix}$$

令

$$\boldsymbol{R}_Y(\theta) = \begin{bmatrix} \cos\theta & 0 & -\sin\theta & 0 \\ 0 & 1 & 0 & 0 \\ \sin\theta & 0 & \cos\theta & 0 \\ 0 & 0 & 0 & 1 \end{bmatrix}$$

为绕 Y 轴逆时针旋转的旋转矩阵，则 $P(x,y,z)$ 绕 Y 轴逆时针旋转角 θ ($\theta>0$) 后的齐次坐标可以简化为

$$\begin{bmatrix} x' \\ y' \\ z' \\ 1 \end{bmatrix} = \boldsymbol{R}_Y(\theta)\begin{bmatrix} x \\ y \\ z \\ 1 \end{bmatrix}$$

一般的坐标系绕原点旋转可以看成绕 X 轴、Y 轴和 Z 轴旋转叠加的结果，根据旋转的先后依次左乘旋转矩阵即可得到最终点的齐次坐标。如先绕 X 轴逆时针旋转角 α，再绕 Y 轴逆时针旋转角 β，最后绕 Z 轴逆时针旋转角 γ，则得到点的齐次坐标为

$$\begin{bmatrix} x' \\ y' \\ z' \\ 1 \end{bmatrix} = \boldsymbol{R}_Z(\gamma)\boldsymbol{R}_Y(\beta)\boldsymbol{R}_X(\alpha)\begin{bmatrix} x \\ y \\ z \\ 1 \end{bmatrix}$$

3.3.3 仿射变换

仿射变换是几何变换的一种形式，其不改变图像的像素颜色，只改变像素所在的几何位置。从变换的性质分，几何变换有图像的位置变换（平移、镜像、旋转）、图像的形状变换（放大、缩小、变形）等基本变换。仿射变换保持点的共线性不变，线的平行性不变，多边形的凹凸性不变，线段的交比不变（即同一直线上各段长度间的比值关系不变）。

1. 平移
将图形从一个位置移动到另一位置时，图形上各点的位移矢量都相同地移动称为平移。在平移的过程中，构成图形的所有点相对位置不改变。

（1）二维平移
设图形中的某一个二维空间点从 $P(x,y)$ 位置平移到 $P'(x',y')$ 位置，如图 3.17 所示，其关系可以表示为

$$\begin{cases} x' = x + T_x \\ y' = y + T_y \end{cases}$$

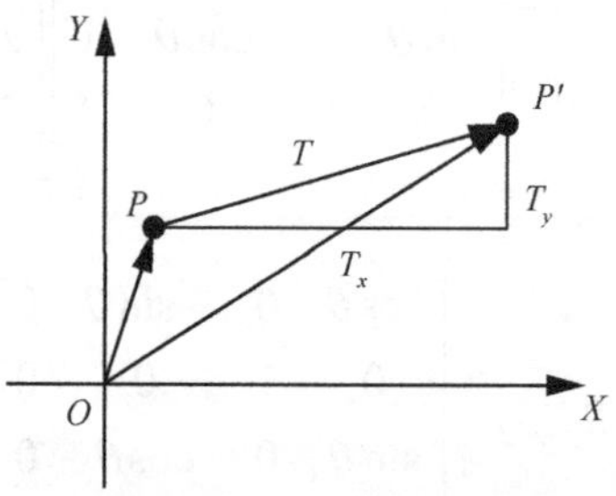

图 3.17　二维平移

使用齐次坐标，坐标位置的二维平移可用矩阵乘法表示为

$$\begin{bmatrix} x' \\ y' \\ 1 \end{bmatrix} = \begin{bmatrix} 1 & 0 & T_x \\ 0 & 1 & T_y \\ 0 & 0 & 1 \end{bmatrix} \begin{bmatrix} x \\ y \\ 1 \end{bmatrix}$$

（2）三维平移

设三维空间点从 $P(x,y,z)$ 位置平移到 $P'(x',y',z')$ 位置，齐次坐标下的矩阵乘法表示为

$$\begin{bmatrix} x' \\ y' \\ z' \\ 1 \end{bmatrix} = \begin{bmatrix} 1 & 0 & 0 & T_x \\ 0 & 1 & 0 & T_y \\ 0 & 0 & 1 & T_z \\ 0 & 0 & 0 & 1 \end{bmatrix} \begin{bmatrix} x \\ y \\ z \\ 1 \end{bmatrix}$$

如果二维目标点需要从 $P'(x',y')$ 平移回 $P(x,y)$ 位置，如何用矩阵乘法实现呢？三维坐标平移回原位置又如何用矩阵乘法实现？请读者自行思考。

2．缩放

（1）二维缩放

缩放能改变一个图像的大小，如图 3.18 所示。缩放的幅度可以通过缩放因子 S_x、S_y 来描述，S_x、S_y 分别表示 X 和 Y 方向上的缩放情况。

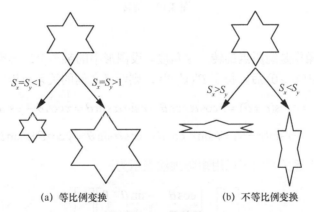

(a) 等比例变换　　　　(b) 不等比例变换

图 3.18　二维缩放

图形中的某一个二维空间点 $P(x,y)$ 缩放后的坐标可以用矩阵乘法表示为

$$\begin{bmatrix} x' \\ y' \\ 1 \end{bmatrix} = \begin{bmatrix} S_x & 0 & 0 \\ 0 & S_y & 0 \\ 0 & 0 & 1 \end{bmatrix} \begin{bmatrix} x \\ y \\ 1 \end{bmatrix}$$

如果是等比例变换，上式可以简化为

$$\begin{bmatrix} x' \\ y' \\ 1 \end{bmatrix} = \begin{bmatrix} 1 & 0 & 0 \\ 0 & 1 & 0 \\ 0 & 0 & S \end{bmatrix} \begin{bmatrix} x \\ y \\ 1 \end{bmatrix}$$

（2）三维缩放

三维空间点 $P(x, y, z)$ 缩放后的齐次坐标可以用矩阵乘法表示为

$$\begin{bmatrix} x' \\ y' \\ z' \\ 1 \end{bmatrix} = \begin{bmatrix} S_x & 0 & 0 & 0 \\ 0 & S_y & 0 & 0 \\ 0 & 0 & S_z & 0 \\ 0 & 0 & 0 & 1 \end{bmatrix} \begin{bmatrix} x \\ y \\ z \\ 1 \end{bmatrix}$$

3. 旋转

旋转是将图形绕某一点旋转一定的角度，它是图形变换的基本操作，如图 3.19 所示。

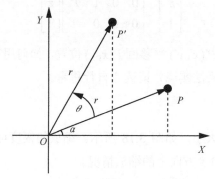

图 3.19　旋转

（1）二维旋转

最简单的旋转操作是绕原点旋转一定角度。设图形中的某一个二维空间点 $P(x, y)$，其绕原点逆时针旋转角 $\theta(\theta > 0)$ 后，位于 $P'(x', y')$，则两者之间的关系可以表示为

$$x' = r\cos(\alpha + \theta) = r\cos\alpha\cos\theta - r\sin\alpha\sin\theta = x\cos\theta - y\sin\theta$$

$$y' = r\sin(\alpha + \theta) = r\sin\alpha\cos\theta + r\cos\alpha\sin\theta = y\cos\theta + x\sin\theta$$

齐次坐标下，上述关系式可以用矩阵乘法表示为

$$\begin{bmatrix} x' \\ y' \\ 1 \end{bmatrix} = \begin{bmatrix} \cos\theta & -\sin\theta & 0 \\ \sin\theta & \cos\theta & 0 \\ 0 & 0 & 1 \end{bmatrix} \begin{bmatrix} x \\ y \\ 1 \end{bmatrix}$$

如果绕原点顺时针旋转角 $\theta(\theta > 0)$，则齐次坐标下的矩阵乘法表示为

$$\begin{bmatrix} x' \\ y' \\ 1 \end{bmatrix} = \begin{bmatrix} \cos\theta & \sin\theta & 0 \\ -\sin\theta & \cos\theta & 0 \\ 0 & 0 & 1 \end{bmatrix} \begin{bmatrix} x \\ y \\ 1 \end{bmatrix}$$

如果绕其他点旋转，可以通过坐标变换转换成绕原点旋转的情况。

（2）三维旋转

与平面直角坐标系中的坐标变换比较，可以发现，坐标绕原点逆时针旋转角 θ 与图形绕

原点逆时针旋转角 $-\theta$（即绕原点顺时针旋转角 θ）的结果相同。利用这一规律容易得到，图形中的某一个三维空间点 $P(x,y,z)$，其绕 Z 轴逆时针旋转角 $\theta\,(\theta>0)$ 后的齐次坐标为[9]

$$\begin{bmatrix} x' \\ y' \\ z' \\ 1 \end{bmatrix} = \begin{bmatrix} \cos\theta & -\sin\theta & 0 & 0 \\ \sin\theta & \cos\theta & 0 & 0 \\ 0 & 0 & 1 & 0 \\ 0 & 0 & 0 & 1 \end{bmatrix} \begin{bmatrix} x \\ y \\ z \\ 1 \end{bmatrix}$$

令

$$\boldsymbol{R}_Z(\theta) = \begin{bmatrix} \cos\theta & -\sin\theta & 0 & 0 \\ \sin\theta & \cos\theta & 0 & 0 \\ 0 & 0 & 1 & 0 \\ 0 & 0 & 0 & 1 \end{bmatrix}$$

为图形绕 Z 轴逆时针旋转的旋转矩阵。

对应地，图形绕 X 轴逆时针旋转角 $\theta\,(\theta>0)$ 后的旋转矩阵为

$$\boldsymbol{R}_X(\theta) = \begin{bmatrix} 1 & 0 & 0 & 0 \\ 0 & \cos\theta & -\sin\theta & 0 \\ 0 & \sin\theta & \cos\theta & 0 \\ 0 & 0 & 0 & 1 \end{bmatrix}$$

图形绕 Y 轴逆时针旋转角 $\theta\,(\theta>0)$ 后的旋转矩阵为

$$\boldsymbol{R}_Y(\theta) = \begin{bmatrix} \cos\theta & 0 & \sin\theta & 0 \\ 0 & 1 & 0 & 0 \\ -\sin\theta & 0 & \cos\theta & 0 \\ 0 & 0 & 0 & 1 \end{bmatrix}$$

与坐标变换类似，一般的图形绕原点旋转可以看作绕 X 轴、Y 轴和 Z 轴旋转叠加的结果，根据旋转的先后依次左乘旋转矩阵即可得到最终点的齐次坐标。

计算正弦值或余弦值是费时的。当旋转角度不大（一般小于 5°），且精度要求不高时，可以取近似值 $\sin\theta \approx \theta$，$\cos\theta \approx 1$，从而简化计算。

需要注意的是，要区分坐标的表示方式为行向量还是列向量、图形旋转还是坐标旋转、绕坐标轴顺时针旋转还是逆时针旋转，不同情况的旋转矩阵不同。

4．错切变换

错切变换也称为剪切变换或错位变换，错切的对象可以看成由无数层可以相对滑动的切片组成，错切前后两者面积相同。

（1）二维错切变换

如图 3.20 所示为二维错切变换，在 X 方向错切操作后，原图形和变换后的新图形上各点之间的位置存在如下关系

$$\begin{cases} x' = x + cy \\ y' = y \end{cases}$$

其中，c 为常系数。

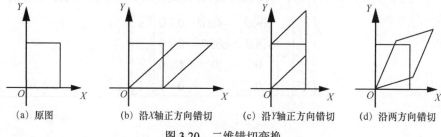

(a) 原图　　(b) 沿 X 轴正方向错切　　(c) 沿 Y 轴正方向错切　　(d) 沿两方向错切

图 3.20　二维错切变换

齐次坐标下，上述关系式用矩阵乘法表示为

$$\begin{bmatrix} x' \\ y' \\ 1 \end{bmatrix} = \begin{bmatrix} 1 & c & 0 \\ 0 & 1 & 0 \\ 0 & 0 & 1 \end{bmatrix} \begin{bmatrix} x \\ y \\ 1 \end{bmatrix}$$

如果在 Y 方向错切操作，则齐次坐标下关系式为

$$\begin{bmatrix} x' \\ y' \\ 1 \end{bmatrix} = \begin{bmatrix} 1 & 0 & 0 \\ b & 1 & 0 \\ 0 & 0 & 1 \end{bmatrix} \begin{bmatrix} x \\ y \\ 1 \end{bmatrix}$$

如果在 X、Y 两方向错切操作，则齐次坐标下关系式为

$$\begin{bmatrix} x' \\ y' \\ 1 \end{bmatrix} = \begin{bmatrix} 1 & c & 0 \\ b & 1 & 0 \\ 0 & 0 & 1 \end{bmatrix} \begin{bmatrix} x \\ y \\ 1 \end{bmatrix}$$

（2）三维错切变换

由于三维空间存在 3 个坐标平面，每个平面中存在两种基本错切变换，所以，三维空间中共存在 6 种基本错切变换。沿 Z 轴的三维错切变换使图形上各点的 X、Y 坐标随 Z 坐标线性变化，而 Z 坐标保持不变，用矩阵乘法表示为

$$\begin{bmatrix} x' \\ y' \\ z' \\ 1 \end{bmatrix} = \begin{bmatrix} 1 & 0 & a & 0 \\ 0 & 1 & b & 0 \\ 0 & 0 & 1 & 0 \\ 0 & 0 & 0 & 1 \end{bmatrix} \begin{bmatrix} x \\ y \\ z \\ 1 \end{bmatrix}$$

其中，a,b 为常系数。

沿 X 轴的三维错切变换为

$$\begin{bmatrix} x' \\ y' \\ z' \\ 1 \end{bmatrix} = \begin{bmatrix} 1 & 0 & 0 & 0 \\ a & 1 & 0 & 0 \\ b & 0 & 1 & 0 \\ 0 & 0 & 0 & 1 \end{bmatrix} \begin{bmatrix} x \\ y \\ z \\ 1 \end{bmatrix}$$

沿 Y 轴的三维错切变换为

$$\begin{bmatrix} x' \\ y' \\ z' \\ 1 \end{bmatrix} = \begin{bmatrix} 1 & a & 0 & 0 \\ 0 & 1 & 0 & 0 \\ 0 & b & 1 & 0 \\ 0 & 0 & 0 & 1 \end{bmatrix} \begin{bmatrix} x \\ y \\ z \\ 1 \end{bmatrix}$$

5.反射

反射是产生相对某条线（二维空间中）或某平面（三维空间中）的镜像变换，可以通过绕反射轴（或面）旋转 180°完成。反射轴（或面）可以是任意的，最简单的情况是取坐标轴为反射轴，坐标面为反射面。

（1）二维反射

以 X 轴为反射轴时，图形绕其旋转 180°后各点的 X 坐标不变，而 Y 坐标与原坐标符号相反，用矩阵乘法表示为

$$\begin{bmatrix} x' \\ y' \\ 1 \end{bmatrix} = \begin{bmatrix} 1 & 0 & 0 \\ 0 & -1 & 0 \\ 0 & 0 & 1 \end{bmatrix} \begin{bmatrix} x \\ y \\ 1 \end{bmatrix}$$

以 Y 轴为反射轴时，变换前后点的关系式为

$$\begin{bmatrix} x' \\ y' \\ 1 \end{bmatrix} = \begin{bmatrix} -1 & 0 & 0 \\ 0 & 1 & 0 \\ 0 & 0 & 1 \end{bmatrix} \begin{bmatrix} x \\ y \\ 1 \end{bmatrix}$$

（2）三维反射

三维反射可以相对于给定的反射轴，或者相对于给定的反射平面来实现。相对于给定轴的反射等价于绕此轴旋转 180°。相对于平面的反射等价于四维空间中的 180°旋转。当反射平面是坐标平面时，可以将此变换看作左手系和右手系之间的转换。

以 X 轴为反射轴时，三维反射变换前后点的关系式为

$$\begin{bmatrix} x' \\ y' \\ z' \\ 1 \end{bmatrix} = \begin{bmatrix} 1 & 0 & 0 & 0 \\ 0 & -1 & 0 & 0 \\ 0 & 0 & -1 & 0 \\ 0 & 0 & 0 & 1 \end{bmatrix} \begin{bmatrix} x \\ y \\ z \\ 1 \end{bmatrix}$$

以 Y 轴为反射轴时，三维反射变换前后点的关系式为

$$\begin{bmatrix} x' \\ y' \\ z' \\ 1 \end{bmatrix} = \begin{bmatrix} -1 & 0 & 0 & 0 \\ 0 & 1 & 0 & 0 \\ 0 & 0 & -1 & 0 \\ 0 & 0 & 0 & 1 \end{bmatrix} \begin{bmatrix} x \\ y \\ z \\ 1 \end{bmatrix}$$

以 Z 轴为反射轴时，三维反射变换前后点的关系式为

$$\begin{bmatrix} x' \\ y' \\ z' \\ 1 \end{bmatrix} = \begin{bmatrix} -1 & 0 & 0 & 0 \\ 0 & -1 & 0 & 0 \\ 0 & 0 & 1 & 0 \\ 0 & 0 & 0 & 1 \end{bmatrix} \begin{bmatrix} x \\ y \\ z \\ 1 \end{bmatrix}$$

相对于 XOY 平面的三维反射变换前后点的关系式为

$$\begin{bmatrix} x' \\ y' \\ z' \\ 1 \end{bmatrix} = \begin{bmatrix} 1 & 0 & 0 & 0 \\ 0 & 1 & 0 & 0 \\ 0 & 0 & -1 & 0 \\ 0 & 0 & 0 & 1 \end{bmatrix} \begin{bmatrix} x \\ y \\ z \\ 1 \end{bmatrix}$$

相对于 XOZ 平面的三维反射变换前后点的关系式为

$$\begin{bmatrix} x' \\ y' \\ z' \\ 1 \end{bmatrix} = \begin{bmatrix} 1 & 0 & 0 & 0 \\ 0 & -1 & 0 & 0 \\ 0 & 0 & 1 & 0 \\ 0 & 0 & 0 & 1 \end{bmatrix} \begin{bmatrix} x \\ y \\ z \\ 1 \end{bmatrix}$$

相对于 YOZ 平面的三维反射变换前后点的关系式为

$$\begin{bmatrix} x' \\ y' \\ z' \\ 1 \end{bmatrix} = \begin{bmatrix} -1 & 0 & 0 & 0 \\ 0 & 1 & 0 & 0 \\ 0 & 0 & 1 & 0 \\ 0 & 0 & 0 & 1 \end{bmatrix} \begin{bmatrix} x \\ y \\ z \\ 1 \end{bmatrix}$$

关于任意直线（或平面）的反射，可以使用平移–旋转–反射变换的组合来完成。通常，先平移直线（或平面）使其经过原点。然后，将直线（或平面）旋转到与某坐标轴（或面）重合，再关于坐标轴（或面）反射。最后，利用逆旋转和逆平移变换将直线还原到原位置。

3.3.4 投影变换

投影可定义为连接高维（三维及以上）物体上每点的线与一个平面（或超平面）的交点。将数据从高维坐标变换到低维坐标的过程，称为投影变换。投影变换包括 3 个最基本的要素：投影线、空间形体、投影面。根据投影线的特征不同，可以将投影变换分为平行投影和透视投影，详细分类如图 3.21 所示[10]。在平行投影中，所有投影线都是平行的，而在透视投影中，投影线汇聚于同一点，汇聚点被称为投影中心。透视投影中通常以人的眼睛为投影中心，这种情况下的投影中心称作视点。

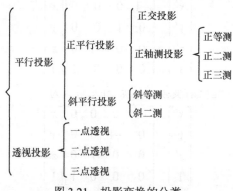

图 3.21　投影变换的分类

平行投影具有仿射变换的所有特性，保持了变换前对象的几何特性，因此，常用于计算机辅助绘图和设计中。透视投影中较远的对象在显示中尺寸减小了，因此，不保持对象的比例关系，但场景的透视投影真实感较好，常用于虚拟现实等场景。

平行投影主要有两种方法：一种是沿垂直于观察平面的直线投影，称为正平行投影；另一种是沿某倾斜角度投影到观察平面，称为斜平行投影。

1．正平行投影

正平行投影包括正交投影和正轴测投影。正交投影是指投影线垂直于相互正交的坐标面的投影，一般可得到 3 个投影视图。正轴测投影是指将坐标轴及其内的空间形体沿垂直于投影面的方向进行投影。

（1）正交投影

正交投影即三视图，包括主视图、俯视图和左视图，如图 3.22 所示。从物体的前面向后面投射所得的视图，即逆着 X 轴方向看的视图，称主视图（也称正视图），它能反映物体前面的轮廓形状。从物体的上面向下面投射所得的视图，即逆着 Z 轴方向看的视图，称俯视图，它能反映物体上面部分的轮廓形状。从物体的左面向右面投射所得的视图，即顺着 Y 轴方向看的视图，称左视图（也称侧视图），它能反映物体左面部分的轮廓形状。

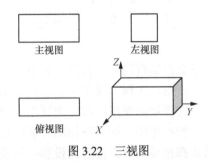

图 3.22　三视图

三视图的生成就是将 $OXYZ$ 坐标系中的三维形体投影到坐标平面上，然后将 3 个视图展示在一个平面上，其变换式如下。

① 主视图变换式

将三维形体向 YOZ 面作垂直投影（即正平行投影），其变换式为

$$\begin{bmatrix} x' \\ y' \\ z' \\ 1 \end{bmatrix} = \begin{bmatrix} 0 & 0 & 0 & 0 \\ 0 & 1 & 0 & 0 \\ 0 & 0 & 1 & 0 \\ 0 & 0 & 0 & 1 \end{bmatrix} \begin{bmatrix} x \\ y \\ z \\ 1 \end{bmatrix}$$

② 俯视图变换式

将三维形体向 XOY 面作垂直投影，然后将其旋转和平移到 YOZ 面，其变换式为

$$\begin{bmatrix} x' \\ y' \\ z' \\ 1 \end{bmatrix} = \begin{bmatrix} 0 & 0 & 0 & 0 \\ 0 & 1 & 0 & 0 \\ -1 & 0 & 0 & z_0 \\ 0 & 0 & 0 & 1 \end{bmatrix} \begin{bmatrix} 1 & 0 & 0 & 0 \\ 0 & 1 & 0 & 0 \\ 0 & 0 & 0 & 0 \\ 0 & 0 & 0 & 1 \end{bmatrix} \begin{bmatrix} x \\ y \\ z \\ 1 \end{bmatrix}$$

其中，z_0 为给定的偏移量，用来调整俯视图与主视图间的距离，化简后得

$$\begin{bmatrix} x' \\ y' \\ z' \\ 1 \end{bmatrix} = \begin{bmatrix} 0 & 0 & 0 & 0 \\ 0 & 1 & 0 & 0 \\ -1 & 0 & 0 & z_0 \\ 0 & 0 & 0 & 1 \end{bmatrix} \begin{bmatrix} x \\ y \\ z \\ 1 \end{bmatrix}$$

③ 左视图变换式

将三维形体向 XOZ 面作垂直投影，然后将其旋转和平移到 YOZ 面，其变换式为

$$\begin{bmatrix} x' \\ y' \\ z' \\ 1 \end{bmatrix} = \begin{bmatrix} 0 & 0 & 0 & 0 \\ 1 & 0 & 0 & y_0 \\ 0 & 0 & 1 & 0 \\ 0 & 0 & 0 & 1 \end{bmatrix} \begin{bmatrix} 1 & 0 & 0 & 0 \\ 0 & 0 & 0 & 0 \\ 0 & 0 & 1 & 0 \\ 0 & 0 & 0 & 1 \end{bmatrix} \begin{bmatrix} x \\ y \\ z \\ 1 \end{bmatrix}$$

其中，y_0 为给定的偏移量，用来调整左视图与主视图间的距离，化简后得

$$\begin{bmatrix} x' \\ y' \\ z' \\ 1 \end{bmatrix} = \begin{bmatrix} 0 & 0 & 0 & 0 \\ 1 & 0 & 0 & y_0 \\ 0 & 0 & 1 & 0 \\ 0 & 0 & 0 & 1 \end{bmatrix} \begin{bmatrix} x \\ y \\ z \\ 1 \end{bmatrix}$$

（2）正轴测投影

在实际工程中，广泛采用正交投影得到的三视图来完整、准确地表达空间形体的形状和大小，但三视图不直观。为便于读图，工程上常用正轴测投影图作为辅助图样来表示形体。与三视图不同，正轴测投影通过选择最佳视角，在一个视图中展示空间形体的轮廓信息。形成正轴测投影的投影面称为正轴测投影面。如果正轴测投影面与 3 个坐标轴的夹角均相等，则投影图在 3 个轴向的收缩系数都相等，称为正等测投影；如果只有两个轴向的收缩系数相等，则称为正二测投影；如果 3 个轴向的收缩系数各不相同，则称为正三测投影。

正轴测投影可以先将其绕 Z 轴逆时针旋转角 θ，然后绕 X 轴逆时针旋转角 α，从而确定最佳视角，最后投影到 XOZ 平面上实现，其变换式为

$$\begin{bmatrix} x' \\ y' \\ z' \\ 1 \end{bmatrix} = \begin{bmatrix} 1 & 0 & 0 & 0 \\ 0 & 0 & 0 & 0 \\ 0 & 0 & 1 & 0 \\ 0 & 0 & 0 & 1 \end{bmatrix} \begin{bmatrix} 1 & 0 & 0 & 0 \\ 0 & \cos\alpha & -\sin\alpha & 0 \\ 0 & \sin\alpha & \cos\alpha & 0 \\ 0 & 0 & 0 & 1 \end{bmatrix} \begin{bmatrix} \cos\theta & -\sin\theta & 0 & 0 \\ \sin\theta & \cos\theta & 0 & 0 \\ 0 & 0 & 1 & 0 \\ 0 & 0 & 0 & 1 \end{bmatrix} \begin{bmatrix} x \\ y \\ z \\ 1 \end{bmatrix}$$

化简后得

$$\begin{bmatrix} x' \\ y' \\ z' \\ 1 \end{bmatrix} = \begin{bmatrix} \cos\theta & -\sin\theta & 0 & 0 \\ 0 & 0 & 0 & 0 \\ \sin\alpha\sin\theta & \sin\alpha\sin\theta & \cos\alpha & 0 \\ 0 & 0 & 0 & 1 \end{bmatrix} \begin{bmatrix} x \\ y \\ z \\ 1 \end{bmatrix}$$

在上述正轴测投影变换中，只要给定不同的 θ 和 α，就可以得到不同的正轴测投影图。当 $\theta = 45°$、$\alpha = 35.264\ 4°$ 时，代入化简后的变换式即可得正等测投影变换关系；当 $\theta = 20.7°$、

α =19.47°时，代入化简后的变换式即可得正二测投影变换关系；其他情况为正三测投影。

2. 斜平行投影

在斜平行投影中，投影平面一般取坐标平面，设投影到 XOY 平面上，投影方向矢量为 $(x_p, y_p, z_p)^T$，空间点 $(x, y, z)^T$ 投影到 XOY 平面的位置坐标为 $(x', y', z')^T$，则存在如下关系式。

$$\begin{cases} x'=x+x_p t \\ y'=y+y_p t \\ z'=z+z_p t \end{cases}$$

由于 XOY 平面上各点有 $z=0$，因此 $z'=0$，则 $t=-\dfrac{z}{z_p}$，代入上式可得

$$\begin{cases} x'=x-\dfrac{x_p}{z_p}z \\ y'=y-\dfrac{y_p}{z_p}z \\ z'=0 \end{cases}$$

令 $S_{xz}=-\dfrac{x_p}{z_p}$，$S_{yz}=-\dfrac{y_p}{z_p}$，用矩阵表达上述关系为

$$\begin{bmatrix} x' \\ y' \\ z' \\ 1 \end{bmatrix} = \begin{bmatrix} 1 & 0 & S_{xz} & 0 \\ 0 & 1 & S_{yz} & 0 \\ 0 & 0 & 0 & 0 \\ 0 & 0 & 0 & 1 \end{bmatrix} \begin{bmatrix} x \\ y \\ z \\ 1 \end{bmatrix}$$

设空间点 $(x,y,z)^T$ 正交投影到 XOY 平面的位置坐标为 $(x_0', y_0', z_0')^T$，连接点 $(x,y,z)^T$ 和点 $(x',y',z')^T$ 的线段与连接点 $(x_0',y_0',z_0')^T$ 和点 $(x',y',z')^T$ 的线段所成的夹角为 α。当 α =45°、$\tan\alpha$=1 时的斜平行投影称为斜等测投影；当 $\tan\alpha$=2 时的斜平行投影称为斜二测投影。

3. 透视投影

尽管场景的平行投影视图较易生成，且能保持对象的几何特性，但它不提供真实感表达。相对而言，透视投影图像更为逼真，但它不是仿射变换，不满足平行投影后仍为平行线的规律。它仍然保持了点的共线性不变、线段的交比不变，但不能保持线的平行性不变。

透视投影原理如图 3.23 所示。当一个场景透视投影到观察平面上时，平行于观察平面的线条投影后仍然平行。但是，任何与观察平面不平行的平行线组投影后会汇聚于一点，这个点称为灭点。平行于主轴的平行线汇聚的点称为主灭点。通过投影平面的方向可控制主灭点的数量，根据主灭点数量的不同，可以将透视投影分为一点透视、二点透视、三点透视[11]。

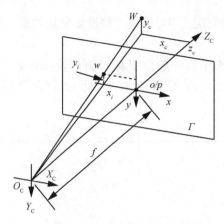

图 3.23 透视投影原理

假设投影中心位于坐标原点，如图 3.23 中 O_c 所示。z_c 为过投影中心（也称为光心）且与像平面垂直的直线，称为主轴。o/p 为主轴与像平面的交点，称为主点。三维形体上点 $W(x_c, y_c, z_c)$，经透视投影后在投影面 Γ 上的对应点为 $w(x_i, y_i, z_i)$，投影面 Γ 与 z_c 坐标轴垂直，且与投影中心的距离为 f。根据相似三角形对应边成比例的关系，有[12]

$$\frac{x_c}{x_i} = \frac{y_c}{y_i} = \frac{z_c}{z_i}$$

由于 $z_i = f$，有

$$\frac{x_c}{x_i} = \frac{y_c}{y_i} = \frac{z_c}{f}$$

利用齐次坐标，透视变换可以写成变换矩阵形式

$$\begin{bmatrix} x_i \\ y_i \\ z_i \\ 1 \end{bmatrix} = \begin{bmatrix} \dfrac{f}{z_c} & 0 & 0 & 0 \\ 0 & \dfrac{f}{z_c} & 0 & 0 \\ 0 & 0 & \dfrac{f}{z_c} & 0 \\ 0 & 0 & 0 & 1 \end{bmatrix} \begin{bmatrix} x_c \\ y_c \\ z_c \\ 1 \end{bmatrix}$$

对于投影中心不在坐标原点，投影平面是任意平面的情况，可以先通过旋转和平移变换转换投影中心为坐标原点，投影平面为坐标平面，再进行透视投影。

$$\begin{bmatrix} x_i \\ y_i \\ z_i \\ 1 \end{bmatrix} = \begin{bmatrix} \dfrac{f}{z_c} & 0 & 0 & 0 \\ 0 & \dfrac{f}{z_c} & 0 & 0 \\ 0 & 0 & \dfrac{f}{z_c} & 0 \\ 0 & 0 & 0 & 1 \end{bmatrix} \begin{bmatrix} r_{11} & r_{12} & r_{13} & t_1 \\ r_{21} & r_{22} & r_{23} & t_2 \\ r_{31} & r_{32} & r_{33} & t_3 \\ 0 & 0 & 0 & 1 \end{bmatrix} \begin{bmatrix} x_c \\ y_c \\ z_c \\ 1 \end{bmatrix}$$

其中，r_{ij} 表示旋转矩阵的元素，t 表示平移向量的元素。

参考文献

[1]　王飞. 计算机图形学[M]. 北京: 北京邮电大学出版社, 2011.

[2]　常明, 纪俊文. 计算机图形学(第三版)[M]. 武汉: 华中科技大学出版社, 2009.

[3]　HEARN D, BAKER M P. 计算机图形学(第三版)[M]. 蔡士杰, 宋继强, 蔡敏, 译. 北京: 电子工业出版社, 2005.

[4]　HEARN D, BAKER M P, CARITHERS W R. 计算机图形学(第四版)[M]. 蔡士杰, 杨若瑜, 译. 北京: 电子工业出版社, 2014.

[5]　李伟波, 何发智. 计算机图形学[M]. 武汉: 武汉大学出版社, 2007.

[6]　张曦煌, 杜俊俐. 计算机图形学[M]. 北京: 北京邮电大学出版社, 2006.

[7]　任洪海. 计算机图形学理论与算法基础[M]. 沈阳: 辽宁科学技术出版社, 2012.

[8]　童若锋, 耿卫东, 唐敏, 等. 计算机图形学[M]. 杭州: 浙江大学出版社, 2011.

[9]　孙立镌. 计算机图形学(第 2 版)[M]. 哈尔滨: 哈尔滨工业大学出版社, 2006.

[10]　赵子玉, 宋焕生, 王国强. 计算机图形与图像学应用基础[M]. 北京: 兵器工业出版社, 2007.

[11]　孙家广, 杨长贵. 计算机图形学[M]. 北京: 清华大学出版社, 1995.

[12]　ZHU H J, LI Y, LIU X, et al. Camera calibration from very few images based on soft constraint optimization[J]. Journal of the Franklin Institute-Engineering and Applied Mathematics, 2020, 357: 2561-2584.

第4章

数字音频

4.1 声音基本概念

声音是由物体振动产生的声波,是通过介质(气体、固体或液体)传播并能被人或动物的听觉器官所感知的波动现象[1]。最初发出振动的物体叫声源。声音以波的形式振动传播。声波如图 4.1 所示。声波或正弦波有 3 个重要参数:频率、幅度和相位。

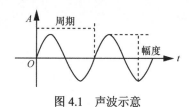

图 4.1 声波示意

声音的特性如下[2]。

(1)响度,人主观上感觉声音的大小(俗称音量),由振幅和人离声源的距离决定,振幅越大响度越大;人和声源的距离越小,响度越大。响度单位为分贝(dB)。

(2)声强,是指声音信号中主音调的强弱程度,与振幅成正比。响度的大小主要依赖于声强,也与声音的频率有关。

(3)音调,表示声音的高低(高音、低音),由频率决定,频率越高,音调越高。

(4)频率,每秒经过给定点的声波数量,它的单位为赫兹(Hz),是以海因里希·鲁道夫·赫兹的名字命名的。人耳听觉范围为 20~20 000 Hz。声音按频率可分为次声波、可听声波、超声波。20 Hz 以下称为次声波,20 000 Hz 以上称为超声波。人类说话的声音频率范围约为 100 Hz ~10 kHz。表 4.1 是不同声源类型声音的频率范围。

表 4.1　不同声源类型声音的频率范围

声源类型	频率范围/Hz
男性语音	100～9 000
女性语音	150～10 000
电话声音	200～3 400
调幅（Amplitude Modulation, AM）广播	50～7 000
调频（Frequency Modulation, FM）广播	20～15 000
高级音响设备重放声音	20～20 000
宽带音响设备重放声音	10～40 000

（5）音色。又称音品，由波形决定。声音因不同声源材料的特性而具有不同特性，音色本身是一种抽象描述，波形是这个抽象描述的直观表现。音色不同，则波形不同。典型的音色波形有方波、锯齿波、正弦波、脉冲波等。我们可以通过波形分辨不同的音色。

声音的三要素是音调、音强和音色。人们通常根据它们来区分声音。声音的质量简称音质，音质的好坏与音色和频率范围有关。由于声波是时间轴上连续的信号，具有连续性与过程性，体现为声音的连续时基性。声波的持续时间对应于声音的音长。

人类能够听到的所有声音都称为音频。根据声波的特征，可把音频信息分为规则音频和不规则音频（噪声）。从物理学的角度看，噪声指由发声体作无规则振动时发出的声音[3-4]；从环境保护角度看，凡是干扰人们正常工作、学习和休息的声音，以及对人们要听的声音起干扰作用的声音都是噪声。而有规则的、让人愉悦的声音是乐音。

音频是一种连续变化的模拟信号，可用一条连续的曲线来表示，即声波。音频信号可分为语音信号与非语音信号。

数字音频处理技术是一种利用数字化手段对声音进行录制、存储、编辑、压缩或播放的技术，它是随着数字信号处理技术、计算机技术、多媒体技术的发展而形成的一种全新的声音处理技术。

4.2　声音信号数字化

音频处理技术主要包括电/声转换，音频信号的存储、重放技术、加工处理技术，以及数字化音频信号的编码、压缩、传输、存取、纠错等[5]。首先，我们来了解声音的模数与数模转换。借助模数或数模转换器，模拟信号和数字信号可以互相转换。模数转换的一个关键步骤是声音的采样和量化，得到的数字音频信号是在时间上不连续的离散信号。模数转换器以固定的频率采样，即每个周期测量和量化信号两次（正负振幅）。采样和量化后的声音信号经编码后就成为数字音频信号，可以将其以文件形式保存在存储介质中，这样的文件一般称为数字声波文件。

4.2.1　采样

声音信息的数字化过程是每隔一定时间间隔在模拟声音波形上取一个幅度值，这个过程称为采样，采样的时间间隔称为采样周期。每一秒采样的数目称为采样频率，单位为 Hz。例如，音频是连续的时间函数 $X(t)$，对连续信号采样，即按一定的时间间隔 T 取值，得到 $X(nT)$（n 为整数），T 为采样周期，$\frac{1}{T}$ 称为采样频率。$X(0)$，$X(T)$，$X(2T)$，…，$X(nT)$ 称为采样值。采样频率越高所能描述的声波频率就越高。

信息论的奠基者香农指出，在一定条件下，用离散的序列可以完全代表一个连续函数，这是采样定理的基本内容[6]。奈奎斯特（Nyquist）频率是在给定采样频率下不发生失真现象能够采样的最高频率。根据奈奎斯特理论，奈奎斯特频率是给定采样频率的一半。给定要采样的信号频率，奈奎斯特速率是使模拟数字信号能够精确重建的最低采样。奈奎斯特定理说明，奈奎斯特速率是被采样信号的最高分量频率的两倍[7-8]。

设 f_{max} 为采样音频信号中的最高分量频率，那么奈奎斯特速率 f_{nr} 定义为[9]

$$f_{nr} = 2f_{max}$$

给定采样频率 f_{sample}，那么奈奎斯特频率 f_{nf} 定义为[9]

$$f_{nf} = \frac{f_{sample}}{2}$$

当数字化音频信号时，采样频率低于奈奎斯特速率，就会发生音频失真。当播放数字音频时，原始声音的频率将变为另一个频率，数字化后的声音听起来与原始声音有差别。太低的采样频率会导致失真，本质上是由于没有足够的样本点来精确插入原始波的正弦形状。每个周期采样少于两次的波形不能精确重建。但需注意的是，以正好两倍于最高频率采样可能可以重建波形，但是并不能保证一定可以。每周期采样次数大于 2，才能提供足够的信息来重构波形而不失真[9]。例如，采样波的频率为 637 Hz，即每秒 637 个周期，这意味着至少要以 1 274 Hz 的奈奎斯特速率对它采样。

4.2.2 量化

将采样得到的表示声音强弱的模拟电压用数字表示，称为量化，就是将采样值用二进制形式表示的过程。量化的过程是先将采样后的信号按整个声波的幅度划分成有限个区间的集合，把每个区间内的样值归为一个量化值。其中涉及一个问题，就是采样信号幅度的划分。即从采样信号幅度的最大值到最小值，需要分割成多少个区间？一般采用二进制的方法，如果是等间隔的划分，8 位二进制可划分 2^8=256 个量化等级，16 位、32 位二进制分别可以表示 2^{16} 或 2^{32} 个量化等级。经过离散并且量化的音频信号可以对其进行编码。

在采样和量化过程中，存在以下两个问题：一是由于采样产生的信号丢失使音频出现失真；二是量化过程中，信号幅度值到量化等级的近似使音频出现失真。

如何减少失真呢？可以把音频信号的波形划分成更细小的区间，即采用更高的采样频率，在音频连续信号曲线上做更密集的采样。同时，增加量化精度，以得到更多的量化等级。因此，采样频率越高，量化位数越多，声音的质量越高。8 位声卡的声音从最低音到最高音只有 256 个级别，16 位声卡有 65 536 个高低音级别。当前常用的 16 位声卡采样频率共设有 22.05 kHz、44.1 kHz、48 kHz 3 个等级，其音质分别对应于调频立体声音乐、CD 品质立体声音乐、优质 CD 品质立体声音乐。理论上采样频率越高音质越好，但人耳听觉分辨率有限，无法辨别高于 48 kHz 的采样频率。

4.2.3　均匀量化与非均匀量化

均匀量化[9]是指把输入信号的取值域等间隔分割的量化。均匀量化又称为线性编码，其特点是各量化区间的宽度（即宽阶）相同。设信号的幅值范围为$-A_{\mathrm{m}} \sim A_{\mathrm{m}}$，量化级数 $M=2^k$，k 是编码字长，则量化阶为

$$\varDelta = \frac{2A_{\mathrm{m}}}{M}$$

量化噪声平均功率为

$$N_{\mathrm{q}} = \frac{\left(\dfrac{\varDelta}{2}\right)^2}{3} = \frac{\varDelta^2}{12}$$

如果被量化编码的模拟信号的平均功率 $S = \sigma_x^2$，σ_x 是信号的有效值，则量化信噪比为

$$\mathrm{SNR} = \frac{S}{N_{\mathrm{q}}} = \frac{\sigma_x^2}{\dfrac{\varDelta^2}{12}} = 3M^2\left(\frac{\sigma_x^2}{A_{\mathrm{m}}^2}\right)$$

代入 $M=2^k$，并转化为单位为 dB 的形式，可得

$$\mathrm{SNR}_{\mathrm{dB}} = 10\lg\mathrm{SNR} = 4.8 + 6.02k - 20\lg\frac{A_{\mathrm{m}}}{\sigma_x}$$

如果输入信号为最大幅度的正弦波，则 $\mathrm{SNR}=3\times2^{2k-1}$，或 $\mathrm{SNR}_{\mathrm{dB}}=1.76+6.02k$。可见编码字长每增加 1 bit，SNR 将增加 6 dB。由于在一定的量化阶矩下，N_q 是固定的，所以 S 越小，SNR 越小；S 越大，SNR 越大[4]。这是均匀量化的特点，也是它的缺点。均匀量化的好处就是编解码很容易，但要达到相同的信噪比占用的带宽较大。现代通信系统中大都用非均匀量化。两种量化方式如图 4.2 所示[9-10]。

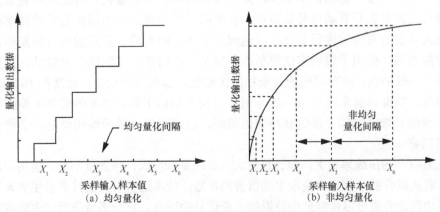

（a）均匀量化　　　　　　　　　　　　（b）非均匀量化

图 4.2　均匀量化与非均匀量化

非均匀量化[9]，也称非线性量化或者压缩扩展，是一种满足在低带宽线路上传送电话信号的压缩需求的编码方法。编码过程中，用一种合理的方式，即在小信号范围内提供较多的量化级，而在大信号范围内提供较少的量化级。其基本思想是对输入信号进行量化时，大的输入信号采用大的量化阶距，小的输入信号采用小的量化阶距，这样可以在满足采样精度的要求下用较少的位数来表示较大的信号数据。这样的非线性编码方法是基于人类听觉系统的不均衡感知设计的。人类能感知较小声音振幅的小差别；但是随着声音变大，感知声音振幅差别的能力减弱。

非均匀量化常用的编码方法有 μ 律（也称为 mu 律）压扩和 A 律（A-Law）压扩。μ 律压扩的量化输入和输出的关系为[9]

$$F_\mu(x) = \text{sign}(x)\frac{\ln(1+\mu|x|)}{\ln(1+\mu)}$$

其中，x 为输入信号幅度，归一化为 $-1 \leqslant x \leqslant 1$；$\text{sign}(x)$ 为 x 的极性；μ 为确定压缩量的参数，它反映最大量化间隔和最小量化间隔之比，$100 \leqslant \mu \leqslant 500$。由于 μ 律压扩的输入和输出关系是对数关系，所以这种编码又称为对数脉冲编码调制。

A 律压扩的量化输入和输出的关系为[4,9]

$$F_A(x) = \begin{cases} \text{sign}(x)\dfrac{A(x)}{1+\ln A}, & 0 \leqslant |x| \leqslant \dfrac{1}{A} \\ \text{sign}(x)\dfrac{1+\ln(A|x|)}{1+\ln A}, & \dfrac{1}{A} < |x| \leqslant 1 \end{cases}$$

其中，x 为输入信号的幅度，归一化为 $-1 \leqslant x \leqslant 1$；$\text{sign}(x)$ 为 x 的极性；A 为确定压缩量的参数，反映最大量化间隔和最小量化间隔之比，一般 $A=87.56$。

4.2.4 音频 A/D 转换的编码技术

根据编码方式的不同，音频编码技术分为波形编码、参数编码和混合编码。

波形编码[11-12]指不利用生成音频信号的任何参数，直接将时域信号变换为数字代码，使重构的音频波形尽可能地与原始信号的波形形状保持一致。波形编码的基本原理是在时间轴上对模拟声音信号按一定的速率采样，然后将幅度样本分层量化，并用编码表示，即利用采样和量化过程来表示音频信号的波形，使编码后的音频信号与原始信号的波形匹配。它主要根据人耳的听觉特性进行量化，以达到压缩数据的目的。波形编码方法简单，易于实现，适应能力强。但由于编码方法简单也带来了一些问题：压缩比相对较低，需要较高的编码速率。一般来说，波形编码的复杂程度比较低，编码速率较高，通常在 16 kbit/s 以上，音质相当高。但编码速率低于 16 kbit/s 时，音质会急剧下降。常见的波形压缩编码方法有脉冲编码调制、增量调制、差值脉冲编码调制、自适应差分脉冲编码调制、子带编码和矢量量化编码等。

参数编码[13]的压缩率很大，但计算量大，算法复杂度大，保真度不高，适用于语音信号的编码。它从语音波形信号中提取生成语音的参数，使用这些参数通过语音生成模型重构语音，使重构的语音信号尽可能地保持原始语音信号的语意。它把语音信号产生的数字模型作为基础，求出数字模型的模型参数，再按照这些参数还原数字模型，合成语音。即对信号特征参数进行提取和编码，在解码端重建原始语音信号，以保持原始音频的特性。但合成语音的自然度不好，抗背景噪声能力较差。虽然参数编码的音质比较低，但其保密性很好。典型的参数编码器有共振峰声码器、线性预测声码器等。

混合编码是指同时使用两种或两种以上的编码方法进行编码。这种编码方法克服了波形编码和参数编码的弱点，并结合了波形编码高质量和参数编码的低编码速率，能够取得比较好的效果。

下面介绍几种典型的编码方法。

1．脉冲编码调制

脉冲编码调制（Pulse Code Modulation, PCM）[14-15]是最简单的波形编码方法。它的原理就是把一个时间连续、取值连续的模拟信号变换成时间离散、取值离散的数字信号后在信道中传输。脉冲编码调制是对模拟信号先采样，再对采样值幅度量化、编码的过程。PCM 对信号每秒采样 8 000 次；每次采样为 8 bit，总共 64 kbit。编码是用一组二进制码组来表示每一个有固定电平的量化值。实际上，量化是与编码过程同时完成的，故编码过程也称为模数转换。

话音信号先经防混叠低通滤波器，进行脉冲采样，变成 8 kHz 重复频率的采样信号（即离散的脉幅调制（Pulse-Amplitude Modulation, PAM）信号），然后将幅度连续的 PAM 信号用"四舍五入"的方法量化为有限个幅度取值的信号，再经编码后转换成二进制码。对于电话信号，CCITT 规定采样率为 8 kHz，每个采样值采用 8 个二进制位编码，即共有 2^8=256 个量化值，因此，每条话路 PCM 编码后的标准数码率是 64 kbit/s。为解决均匀量化时小信号量化误差大、音质差的问题，在实际中采用不均匀选取量化间隔的非线性量化方法，即量化特性在小信号时分层密，量化间隔小；而在大信号时分层疏，量化间隔大。

PCM 的优点是编码方法简单，时延短，音质高，重构的语音信号与原始语音信号几乎没有差别。不足之处是编码速率比较高（为 64 kbit/s），对传输通道的错误比较敏感。

2．增量调制

增量调制（Delta Modulation, DM）[16]简称 ΔM 或增量脉码调制，它是继 PCM 后出现的又一种模拟信号数字化的方法。1946 年，法国工程师 De Loraine 提出 DM，目的在于简化模拟信号的数字化方法。DM 主要在卫星通信等领域广泛使用，有时也作为高速大规模集成电路中的 A/D 转换器。

增量调制的思想是对实际信号与预测信号之差的极性进行编码。采用 1 bit 编码系统。其步骤如下。

（1）根据前面的采样数据预测下一个采样数据，$\overline{y}[i+1] = y[i] \pm \Delta$；

（2）根据当前采样信号输入，计算预测误差 $e = \overline{y}[i+1] - y[i+1]$；

（3）采用均匀量化，量化阶为 Δ；

（4）if $e \geqslant 0$ then 编码值＝1，if $e < 0$ then 编码值＝0。

与 PCM 相比，DM 具有以下 3 个特点：①DM 电路简单，而 PCM 需要较多逻辑电路；②DM 数码率低于 40 kbit/s 时，话音质量比 PCM 好，增量调制一般采用的数码率为 32 kbit/s 或 16 kbit/s；③抗信道误码性能好，能工作于误码率为 10^{-3} 的信道，而 PCM 要求信道误码率低于 $10^{-5} \sim 10^{-6}$。因此，增量调制适用于散射通信和农村电话网等中等质量的通信系统。增量调制技术还可应用于图像信号的数字化处理。

增量调制存在的问题是：若信号变化过快，DM 输出不能跟随，称为斜率过载；若信号缓变，DM 输出随机出现 0 和 1，称为粒状噪声，粒状噪声不可消除。在△大小确定时，粒状噪声和斜率过载是相互矛盾的[17]。

3．自适应增量调制

自适应增量调制[18]（Adaptive Delta Modulation, ADM）是增量调制的一种改进形式。其特点是，量化器的量化阶能自动随信号幅值的大小而变化，从而扩大动态范围。如果量化阶大小是由直接检测输出信号中的平均斜率信息来控制的，称为数字检测音节压扩增量调制；如果量化阶的控制取决于相邻的 3 个信号，则称为瞬时压扩增量调制；如果在大信号段采用音节压扩，而在小信号段采用瞬时压扩，则称为混合压扩增量调制；如果量化阶控制信息直接由输入模拟信号中提取，则称为连续增量调制；如果把模拟信号经过积分后再进行音节压扩增量调制，则称为音节压扩总和增量调制，简称音节压扩。

4．差分脉冲编码调制

差分脉冲编码调制（Differential Pulse Code Modulation, DPCM）是一种对模拟信号的编码模式，与 PCM 不同，DPCM 的每个采样值不是独立的编码，而是先根据前一个采样值计算预测值，再取当前采样值和预测值之差进行编码。此差值称为预测误差。因为相关性强，抽样值和预测值非常接近，预测误差的可能取值范围比采样值变化范围小，所以可用较少的编码比特来对预测误差编码，从而降低其比特率。这是利用减小冗余度的办法，降低编码比特率。DPCM 编码方式的特点是对差值进行编码，减少了每个样本信号的位数；存储或传送的是差值，降低了数据量；适应大范围变化的输入信号。

5．自适应差分脉冲编码调制

自适应差分脉冲编码调制（Adaptive Differential Pulse Code Modulation, ADPCM）是在 PCM 基础上进行的改进，根据实际信号与信号的预测值间的差值信号进行编码。话音信号样本值的相关性使差值信号的动态范围较话音样本值本身的动态范围大大缩小，用较低码速也能得到足够精确的编码效果，在 ADPCM 中所用的量化间隔的大小还可按差值信号的统计结果自动适配，达到最佳量化，从而使因量化造成的失真最小，ADPCM 方式已广泛应用于数字通信、卫星通信、数字话音插空设备及变速率编码器中。

ADPCM 核心思想为：①利用自适应的思想改变量化阶的大小，即使用小的量化阶编码小的差值，使用大的量化阶编码大的差值；②使用过去的样本值估算下一个输入样本的预测值，使实际样本值和预测值之间的差值总是最小。它综合了 ADM 和 DPCM 的优点，是综合性能较好的波形编码算法。

6．线性预测编码

线性预测编码（Linear Predictive Coding, LPC）[19]主要用于音频信号处理与语音处理中，是根据线性预测模型的信息用压缩形式表示数字语音信号谱包络的工具。它是最有效的语音分析技术之一，也是低位速下编码高质量语音最有效的方法之一，能够提供非常精确的语音参数预测。

线性预测编码的原理为，一个时间离散线性系统输出的样本可以用其输入样本和过去的输出样本的线性组合，即线性预测值来逼近[19]。通过使实际输出值和线性预测值之差的均方值最小的方法能够确定唯一的一组预测器系数。这些系数就是线性组合中所用的加权系数。在这一原理中，系统实际上已被模型化了，这一模型就是零极点模型。它有两种特例[20]：

①全极点模型，又称自回归模型，预测器只根据过去的输出样本进行预测；②全零点模型，又称滑动平均模型，预测器只根据输入样本进行预测。

模型参数的估值在全极点模型下有两种方法，即自相关法和协方差法，分别适用于平稳信号和非平稳信号。模型参数的基本形式是线性预测系数，但它还有很多等价的表示形式。不同形式的系数在逆滤波器结构、系统稳定性和量化时要求的比特数等方面有所不同。现在公认较好的形式是反射系数，它所对应的滤波器具有格型结构，稳定性较好，量化时要求的比特数也较少[20]。

4.2.5　音频的质量与数据量

数字音频的数据量计算式为

$$v = \frac{fbs}{8}$$

其中，v 是数据量，f 是采样频率，b 是数据位数或量化位数，s 是声道数。即声音的数字化处理质量可以用 3 个基本参数来衡量，分别为采样频率、数据位数和声道数。

例 4.1　如果一个 CD 信号的参数 f=44.1 kHz，b=16 bit，s=2，则每秒钟的数据量为多少？

解　v=(44.1×1000×16×2)÷8=176 400 B（约 172 KB）

数字化后，声音信号的比特率（或称数码率）是指每秒传送音频信号的比特数，单位为 bit/s。比特率越高，传送的数据越大，音质越好。计算式为

$$l = bfs$$

例如，CD 音频信号的比特率为 1.4 Mbit/s，MP3 音频信号的比特率为 112～128 kbit/s。表 4.2 为常用音频信号的参数。

表 4.2　常用音频信号参数

音频信号	采样频率/kHz	采样精度/bit	声道形式	比特率/(kbit·s⁻¹)	频带/Hz
电话	8	8	单声道	64	200～3 400
AM	11.025	8	单声道	88.2	50～7 000
FM	22.05	16	立体声	705.6	20～15 000
CD	44.1	16	立体声	1 444.2	20～20 000
DAT	48	16	立体声	1 536	20～20 000

4.2.6　音频文件格式

音频文件通常分为两类：声音文件和 MIDI（Music Instrument Digital Interface）文件。声音文件是通过声音录入设备录制的，直接记录了真实声音的二进制采样数据；MIDI 文件是一种音乐演奏指令序列，可利用声音输出设备或与计算机相连的电子乐器进行演奏。典型的音频文件的扩展名有：.aac、.ape、.aif、.au、.flac、.mp3、.ogg、.raw、.ra、.rm、.tta、A 律或 μ 律.wav、DVI/IMA.wav、Microsoft ADPCM.wav、Windows PCM.wav、wma 或.asf、.mid、.midi、.rmi、.xmi 等。

不同的文件格式存在差异。例如，样本采用线性量化还是对数量化；数据格式是否有文件头；字节是按照低字节序（低地址存放最低有效字节）存储，还是按照高字节序（低地址存放最高有效字节）存储，通道是否交叉存取；采样率、位深度、通道数的限制；文件是否压缩，采用什么压缩方法。这些差异导致不同的文件格式有不同的特点和应用场景。例如，文件扩展名为.aac 的音频文件格式采用有损压缩方式，是.mp3 文件的一个改进版本，被 iPod、手机和便携式游戏机等采用；文件扩展名为.mp3 的音频文件格式压缩率高且质量好，在基于网络的格式中长期占据主要地位。

4.3 音频滤波

4.3.1 音频时域到频域的转换

频域和时域是人们对信号分析的不同方法，将时域信号经过一种非常有用的数学变换——傅里叶变换，就可转化到频域，得到信号的频谱，这就是频谱分析；反过来，也可将频域信号通过逆傅里叶变换转换成时域信号。2.4.2 节对傅里叶变换进行过详细的介绍。

这里再次回顾傅里叶变换。通过傅里叶变换，能将满足一定条件的某个函数表示成三角函数（正弦或余弦函数）或者它们的积分的线性组合。音频信号进行傅里叶变换的幅值如图 4.3 所示。

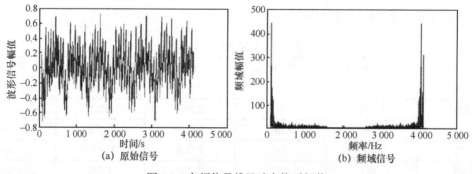

图 4.3　音频信号傅里叶变换后幅值

不同的乐器或声源发出的声音，是由不同频率的声音组合而成的，频率组合不同，声音的音色就不同。音色反映了声音的品质和特色，不同声源的材料、结构不同，发出声音的音色也就不同。我们能区分不同乐器发出的声音，是因为不同乐器发出声音的音色不同。

4.3.2 音频滤波器

声音是由不同频率的波组合而成的。滤波的意义在于，对于一个复合频率的声音，可根据需要滤掉一部分频率，从而得到理想的声音效果。音频滤波器针对声音频谱进行修改。对特定频率进行有效提取，并对提取部分进行特定的编辑（增、减、删除），就是滤波。

数字音频滤波器可以应用于许多领域，它可以用于分离和分析频率分量，以确定声音的来源。例如，可以检测和分析海底的声音来确定该地区的海洋生物，可以修复不良的录音记录或保存较差的录音记录。数字滤波器是常见的处理均衡、混响和特殊效果的数字音频处理工具。

数字音频滤波器基于其实现的方法可分为两类：有限冲激响应（Finite Impulse Response, FIR）滤波器和无限冲激响应（Infinite Impulse Response, IIR）滤波器。在数学上，FIR 滤波器和 IIR 滤波器可表示为卷积运算。

1. FIR 滤波器的定义[9]

设 $x(n)$ 是样本 L 的一个数字音频信号，其中 $0 \leq n \leq L-1$；$y(n)$ 是经过 FIR 滤波运算的音频信号；$h(n)$ 是一个 FIR 滤波器的卷积模板，N 是模板长度。则一个 FIR 滤波器函数可定义为

$$y(n) = h(n) \otimes x(n) = \sum_{k=0}^{N-1} h(k)x(n-k)$$

其中，$k=0,1,\cdots,N-1$。当 $n-k < 0$ 时，$x(n-k)=0$。

运算的实现过程为

$$y(0) = h(0)x(0)$$
$$y(1) = h(0)x(1) + h(1)x(0)$$
$$y(2) = h(0)x(2) + h(1)x(1) + h(2)x(0)$$

一般情况下，对于 $n \geq N$，有

$$y(n) = h(0)x(n) + h(1)x(n-1) + \cdots + h(N-1)x(n-N+1)$$

2. IIR 滤波器的定义[9]

设 $x(n)$ 是样本 L 的一个数字音频信号，其中 $0 \leq n \leq L-1$；$y(n)$ 是经过 IIR 滤波运算的音频信号；$h(n)$ 是一个 IIR 滤波器的卷积模板，N 是前置滤波器的卷积模板长度，M 是反馈滤波器的卷积模板长度。则 IIR 滤波器函数的无穷形式可定义为

$$y(n) = h(n) \otimes x(n) = \sum_{k=0}^{\infty} h(k)x(n-k)$$

其中，当 $n-k < 0$ 时，$x(n-k)=0$。

IIR 滤波器函数的递归形式定义为

$$y(n) = h(n) \otimes x(n) = \sum_{k=0}^{N-1} a_k x(n-k) - \sum_{k=1}^{M} b_k y(n-k)$$

$y(n)$ 依赖于当前和过去的输入样本，以及过去的输出样本。对过去输出的依赖是一种反馈。如果知道 FIR 滤波器的卷积模板 $h(n)$ 或者 IIR 滤波器的系数 a_k 和 b_k，就可以用卷积创建滤波器。

3. 常见滤波器

常见的滤波器分为低通滤波器、高通滤波器、带通滤波器、带阻滤波器，其波形如图 4.4 所示。

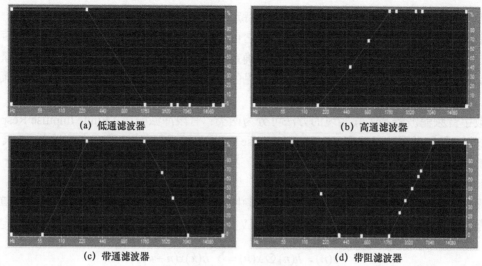

(a) 低通滤波器　　　　　　　　　　　　　(b) 高通滤波器

(c) 带通滤波器　　　　　　　　　　　　　(d) 带阻滤波器

图 4.4　常见滤波器波形

（1）低通滤波器只保留低于某一频率的信号。例如，在空气中传播的声音遇到固体和液体时，会有一部分声音被阻碍，而另一部分声音则能穿过或绕过这些阻碍；多数情况下，被阻碍的是高频信号，穿过或绕过的是低频信号。可以使用低通滤波器将高频信号减小或滤除，模拟这种受到阻碍的声音。

（2）高通滤波器只保留高于某一频率的信号。例如，耳机功率很小，距离远的时候，声音能量损失很大；声能损失后，低频信号能量太小，超出了人耳的感觉阈值，而高频信号虽然也有损失，但仍能刺激人耳听觉。可模拟这个过程创建高通滤波器。

（3）带通滤波器只保留给定频率的信号。许多电器发出的声音，其频谱是有"缺陷"的，例如，电话的听筒滤掉了高频和低频，只保留对语言识别有作用的 400～4 000 Hz 的信号；小型收音机由于扬声器限制，不能发出 200 Hz 以下、7 000 Hz 以上频率的信号。

（4）带阻滤波器消除特定频率的信号。

当我们获得一段音频的时域信号后，可通过傅里叶变换将其转换成频域信号，再通过滤波器进行滤波。处理过程如下。

（1）设 $x(n)$ 是数字音频信号，对 $x(n)$ 进行离散傅里叶变换，得到 $X(z)$。

（2）分析滤波需求和期待的音频频率分量，寻找或设计合适的滤波器 $H(z)$。

（3）计算 $Y(z)=H(z) X(z)$，得到 $Y(z)$ 为所需的频率分量。

（4）对 $Y(z)$ 进行离散傅里叶逆变换，即可得到滤波后的时域音频信号 $y(n)$。

上述过程相当于做卷积运算 $y(n) = h(n) * x(n) = \sum_{k=0}^{N} h(k)x(x-k)$，如图 4.5 所示。

图 4.5　音频信号在时域和频域中的等价运算

4.4　音频信号的压缩

高采样率和位深度能生成效果逼真的数字音频，但采样率和位深度与音频文件的数据量是成正比的，而且有的音频具有不止一个声道。因此，高质量数字音频的数据量也会较大，其所需的存储空间、处理时间、传输时间等都是需要考虑的问题。可以使用压缩方法来减少音频文件数据量。

4.4.1　音频压缩方法

音频信号的压缩方法可根据压缩时是否产生信号失真，分为有损压缩和无损压缩两大类。无损压缩包括不引入任何数据失真的各种熵编码，如 Huffman 编码、行程编码；有损压缩可分为波形编码、参数编码和同时利用这两种技术的混合编码方法。表 4.3 是典型音频编码技术比较。

表 4.3　典型音频编码技术比较

简称	名称	码率/(kbit·s^{-1})	质量/分	应用领域
PCM	脉冲编码调制	64	4.3	公用电话交换网（Pubic Switched Telephone Network, PSTN）、综合业务数字网（Integrated Services Digital Network, ISDN）
ADPCM	自适应差分脉冲编码调制	32	4.1	—
CELP	码激励线性预测	4.8	3.2	保密语音
VSELP	矢量和激励线性预测	8	3.8	移动通信
RPE-LTP	规则脉冲激励长期预测	13	3.8	语音信箱
LD-CELP	低时延码激励线性预测	16	4.1	ISDN
MPE	多脉冲激励	128	5	CD

对于音频质量的评定分为客观评定和主观评定。客观评定是通过测量某些指标（如信噪比）来评价解码音频的质量。客观评定虽然方法简单，但与人对音频的感知不完全一致。因此，人们常使用主观评定法来评价音频的质量。其中，应用比较广泛的是主观意见打分（Mean Opinion Score, MOS）法。这种方法把音频质量分为 5 级，分别用数字 5、4、3、2、1 代表优、良、中、差、劣。5 分表示感觉音频信息无失真，4 分表示刚察觉失真但并不讨厌，3 分表示察觉失真且稍微令人讨厌，2 分表示虽然讨厌但不令人反感，1 分表示极其令人讨厌且十分反感。

4.4.2　语音压缩标准

常见的语音压缩标准有以下几种。

1. 电话质量的语音压缩标准

电话质量语音信号压缩编码的第一个标准是 ITU 于 1972 年制定的，标准号为 G.711[21]。该标准采用脉冲编码调制，速率为 64 kbit/s。1984 年，ITU 颁布了使用自适应差分脉冲编码调制的压缩标准 G.721。1992 年，ITU 制定了基于低时延码激励线性预测（Low-Delay Code-Excited Linear Prediction，LD-CELP）编码的 G.728 标准，该标准速率为 16 kbit/s，其质量与 32 kbit/s 的 G.721 标准基本相当。

随着数字移动通信的发展，人们对于低速语音编码有了更迫切的要求。1988 年，GSM 制定了采用规则脉冲激励长期预测（Regular Pulse Excitation-Long Term Prediction, RPE-LTP）的标准，速率为 13 kbit/s。1989 年，美国公布了数字移动通信标准 CTIA，采用矢量和激励线性预测（Vector Sum Excitation-Linear Prediction, VSELP）技术，速率为 8 kbit/s。这些语音压缩标准的特点是压缩比较高，语音质量较好，且计算量不是很大。

更低数据速率的语音压缩技术主要应用于保密语音通信，美国国家安全局（National Security Agency, NSA）分别于 1982 年和 1989 年制定了基于 LPC、速率为 2.4 kbit/s 的编码方案和基于码激励线性预测（Code-Excited Linear Prediction, CELP）、速率为 4.8 kbit/s 的编码方案。

2. 调幅广播质量的音频压缩标准

调幅广播质量音频信号的频率范围是 50～7 000 Hz。当采用 16 000 Hz 的采样频率和 14 bit 的量化位数时，信号数据速率为 224 kbit/s。ITU 在 1988 年制定了 G.722 标准，可将信号速率压缩至 64 kbit/s[21]。

G.722 标准采用基于子带自适应差分脉冲编码调制（Sub-Band Adaptive Differential Pulse Code Modulation, SB-ADPCM）方法，将输入的音频信号经滤波器分成高子带信号和低子带信号，然后分别进行 ADPCM，再进入混合器混合形成输出码流。同时，G.722 标准还可以提供数据插入的功能（最高插入速率达 16 kbit/s）。

3. 高保真立体声音频压缩标准

目前，国际上比较成熟的高保真立体声音频压缩标准为 MPEG（Motion Picture Experts Group）音频[21]。MPEG 音频是 MPEG 标准中的一部分。MPEG 音频编码器的功能是处理数字音频信号，并形成存储所需的码流。滤波器组完成从时域到频域的变换。心理声学模型的基本依据是听觉系统中存在一个听觉阈值电平，低于这个电平的声音信号不能被人听到，听觉阈值的大小随声音频率而改变，且因人而异。大多数的听觉系统对 16～2 000 Hz 的声音最敏感。比特或噪声分配则根据滤波器组的输出样本和心理声学模型输出的信号掩蔽比来调节，以便同时满足数据传输率和掩蔽的要求。码流格式编码器将滤波器组的量化输出、比特分配或噪声分配以及其他所需的信息编码，以高效的方式按一定格式对这些信息进行编码。

4.5　音乐合成与 MIDI

从时域来看，音乐的波形呈现周期性变化；从频域来看，音乐由基频谱和谐波谱构成。音乐有 4 个基本要素：音高，是指声波的基频，也叫音阶；音色，由声音的频谱决定，不同乐器音色不同；音量，是指声音的强度；音长，是指声音的持续时间。以国际标准音 A-la-440 Hz 为例，音阶、乐谱音符和对应的基频如图 4.6 所示。

音阶	C	D	E	F	G	A	B
乐谱音符	1	2	3	4	5	6	7
基频/Hz	262	294	330	349	392	440	494

图 4.6　音阶、乐谱音符和对应的基频

计算机声音有两种产生途径：一种是通过数字化录制直接获取，形成波形音频；另一种是利用声音合成技术实现。声音合成技术是用微处理器和数字信号处理器代替发声部件，模拟声音波形数据，然后将这些数据通过数模转换器转换成音频信号并发送到放大器，合成声音。

MIDI 是 20 世纪 80 年代初为解决电声乐器之间的通信问题而提出的[9,22]。MIDI 允许电子合成器互相通信，而不考虑制造厂家。MIDI 仅仅是一个通信标准，它是由电子乐器制造商建立的，用以确定电脑音乐程序、合成器和其他电子音响的设备互相交换信息与控制信号的方法。MIDI 用音符的数字控制信号来记录音乐。它传输的不是声音信号，而是音符、控制参数等指令，它指示 MIDI 设备要做什么、怎么做，如演奏哪个音符、多大音量等。这些指令被统一表示成 MIDI 消息（MIDI Message）。

1. 音乐合成技术

MIDI 要形成电脑音乐必须通过合成技术。音乐的数字合成技术是使用电子元器件（或计算机）生成音乐的技术。合成的方法有：FM 合成法、乐音样本合成法（也称波形表合成法，简称波表合成）。音乐合成的关键在于解决音乐各要素的表达和配合。

FM 合成法的原理如下。FM 电子合成器先由振荡器产生一个载波作为基音，产生若干个调制波，将许多泛音加在载波之上，可以对这个组合加以调整，然后加上典型的声音包络线 ADSR（Attack, Decay, Sustain, Release），通过数控滤波器和数控放大器送往数模转换器，从而形成音乐。

由于一个物体不可能总是一成不变的振动，因此它的频率和振幅都会随时间的改变而改变，并最终趋于静止。声音的发展过程分为触发、衰减、保持和消失 4 个阶段，统称为"包络"。包络的发生时间，也决定了声音的时值。

FM 合成仿真公式如下

$$F(t) = A\sin(\varpi_c t + I\sin\varpi_m t)$$

仿真时可代入并变换对应参数，得到不同的声音波形响应。

早期的 ISA 声卡普遍使用 FM 合成法，即"频率调制"。它运用声音振荡的原理对 MIDI 进行合成处理，由于技术本身的局限，效果很难令人满意。目前声卡大都采用波表合成。

波表合成[23]原理如下。首先将各种真实乐器所能发出的声音（包括各个音域、声调）进行采样，即把真实乐器发出的声音以数字形式记录下来，播放时加以调整、修饰和放大，生成各种音阶的音符，存储为波表文件。它的特点是输入控制参数比较少，可控制的数字音效种类不多，声音质量比 FM 合成法产生的声音质量高。

在播放时，根据 MIDI 文件记录的乐曲信息向波表发出指令，从"表格"中逐一找出对应的声音信息，即以查表的方式取出，经过合成、加工后播放。由于它采用的是真实乐器声音的采样，因此效果优于 FM 合成法。一般波表中的乐器声音信息都以 44.1 kHz、16 bit 的参数录制，以达到最真实的回放效果。衡量一个波表合成器的标准包括波表库容量、音调数（复音数）、音色数、特殊效果等方面。理论上，波表容量越大，合成效果越好。根据采样文件存储位置和由专用微处理器或 CPU 来处理，波表合成常分为软波表和硬波表。硬波表把乐器波形存储于 ROM 可直接调用，价格相对较贵并且不易升级。软波表把乐器的波形存储于硬盘，并通过 CPU 运算调用，会占用比较多的 CPU 资源。

2．MIDI 概述

MIDI 是一种脚本语言，它对代表某种声音产品的"事件"编码，例如，一个 MIDI 事件可能包含一个音符的音调、时延和音量等数据[22]。MIDI 文件一般都比较小。

（1）相关术语

MIDI 控制器是生成 MIDI 消息的硬件设备。MIDI 控制器有各种形式，例如，电子琴键盘、萨克斯、吉他等，只要能够生成 MIDI 消息都可以作为 MIDI 控制器[9]。MIDI 合成器读取 MIDI 消息并将其转化为输出设备播放的音频信号。它可以改变音调、音量、音色，以及其他的声音特性。很多 PC 声卡可以合成 MIDI 音频。一个专业的 MIDI 合成器配有微处理器、键盘、控制面板和内存等[22]。MIDI 音序器最初是指一种用 MIDI 数据形式存储和编辑一系列音乐事件的专用硬件，现在也包括软件产品，例如音乐编辑软件。音序器可以用于接收、存储、编辑 MIDI 数据。

MIDI 消息可以为通道消息和系统消息。通道消息又分为声部消息和通道模式消息。声部消息用来控制一个声部（即发布一个音符播放或停止的消息），同时将一个按键事件编码。声部消息还可以用来指定控制效果，例如时延、抖音、颤音以及音调变化。通道模式消息是一种特殊的 Control Change 消息，它决定一个乐器怎样处理 MIDI 声部消息。系统消息可分为通用消息、实时消息和专有消息。通用消息通常与时间和位置相关，实时消息主要用来处理同步，专有消息使制造商可以扩展 MIDI 标准[22]。

（2）MIDI 硬件

MIDI 硬件中包含一个 31.25 kbit/s 的串口，其使用了 10 位的字节，每个字节包含开始位和结束位。物理的 MIDI 端口配有 3 个连接器，分别为 MIDI IN、MIDI OUT 和 MIDI THRU[22]。MIDI IN 表示输入，用于接收数据。MIDI OUT 表示输出，将 MIDI 数据（信息）向外发送。MIDI THRU 将收到的数据传给另一个 MIDI 乐器或设备，可以说是若干个乐器连接的接口。可以说，MIDI 将 MIDI 乐器的声音变成二进制数据输出，也可以将软件要表示的声音变成二进制数据通过声卡输出，或者接收二进制的数据进行处理。

（3）MIDI 标准

MIDI 标准是乐器、计算机、软件制造商制定的一个标准协议，定义了如何构建、传输、存储 MIDI 消息以及消息的含义[9]。协议的硬件部分定义了设备间如何连接，包括 MIDI 端口中数据到电压的转换和 MIDI 电缆中电压的传输；协议的软件部分定义了 MIDI 消息的格式、含义以及存储方法。常见的 MIDI 标准有 GM、GS、XG[24]。

4.6　音频处理软件及应用

　　Cool Edit Pro 是一个非常出色的数字音乐编辑器和 MP3 制作软件。不少人把 Cool Edit 形容为音频"绘画"程序。其后来演变为 Adobe Audition。Adobe Audition 是一款运行于 Windows 系统上的多声道音频工具，它具备常用的编辑、控制和特效处理的功能，是 Syntrillum 出品的多音轨编辑工具，支持 128 条音轨、多种音频格式、多种音频特效，可以很方便地对音频文件进行修改、合并。后被 Adobe 收购，更名为 Adobe Audition。Adobe Audition 可以简单而快速地完成各种各样的声音编辑操作，包括声音的淡入淡出、声音的移动和剪辑、音调调整、播放速度调整等。在对声音编辑时有单轨/多音轨编辑两种界面。单轨波形编辑界面用来细致处理单个的声音文件；而多音轨编辑界面用来对几条音轨同时组合和编排，最后混频输出成一个完整的作品。Adobe Audition 自带几十种效果器，包括常用的压缩器、限制器、噪声门、参量均衡器、合唱、延时、回声、混响等，这些效果器都可以为 Adobe Audition 的 128 条音轨提供实时的插入效果处理。利用高压缩率减少声音文件容量是网络时代对数字音频技术提出的新要求，Adobe Audition 能将音乐作品直接压缩为.mp3、.mp3 Pro 等文件格式。

　　本节实验以 Cool Edit Pro 为例对相关音频文件进行编辑处理，并对音频文件进行效果设置，以达到所要的输出效果，最后将生成的音频文件以.mp3 的格式输出。实验所用的素材存放在"实验\素材\01\"文件夹中。

　　1．启动 Cool Edit Pro 程序，工作界面如图 4.7 所示。

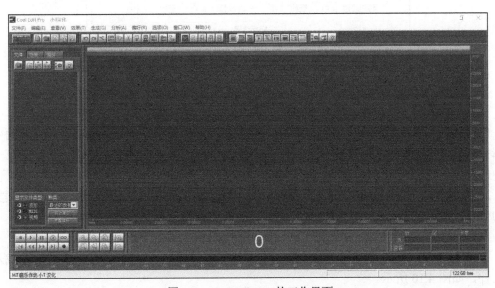

图 4.7　Cool Edit Pro 的工作界面

　　（1）选择"文件"/"打开"菜单项，在单轨波形编辑界面中打开素材文件夹中的"儿歌.mp3"文件，如图 4.8 所示。

图 4.8   Cool Edit Pro 的工作界面（打开音频文件）

（2）在"传送器"面板中，单击"从指针处播放至文件结尾"按钮，播放打开的音频文件。

（3）删除静音。如果一个音频文件听起来断断续续，用户可以使用 Cool Edit Pro 中的删除静音功能，将它变为一个连续的文件。选择"编辑"/"删除静音区"菜单项，打开的对话框如图 4.9 所示。设置静音定义框和音频定义框中的参数值后，单击"确定"按钮完成音频文件中删除静音的操作。

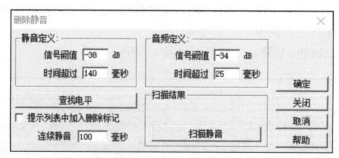

图 4.9   "删除静音区"对话框

（4）插入多音轨。选择"编辑"/"插入到多轨工程"菜单项，在单轨波形编辑界面中将编辑完成的音频文件插入多音轨编辑界面中（默认情况下，插入多音轨编辑界面中的第一音轨中的 0.0 s 位置处）。然后，单击"切换为多轨界面"按钮，切换到多音轨编辑界面。

2．打开两个音频文件，进行以下操作：对音频文件进行淡入淡出处理，删除音频文件中的一段，复制音频文件中的一段拼接到另一个音频文件的某个位置。

（1）对音频进行淡入淡出处理

打开软件，单击左上角的多轨模式，单击"插入→音频"，选择要编辑的文件，载入音频文件，如图 4.10 所示。

双击音轨进入单轨编辑模式，在左侧的"效果"标签窗口中，展开波形振幅，如图 4.11 所示。选择要编辑的段落，图 4.12 是"音量包络"效果处理前的波形。在左侧"效果"中选择"波形振幅"，单击"音量包络"，得到如图 4.13 所示的"创建包络"窗口。

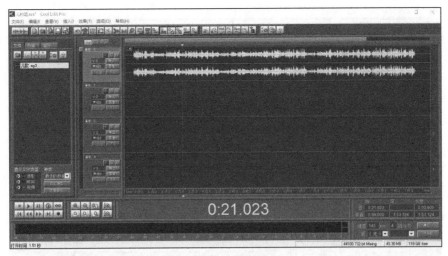

图 4.10　载入的音频文件

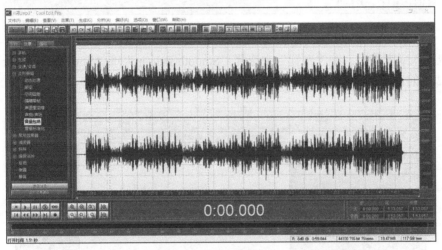

图 4.11　展开波形振幅

图 4.12　"音量包络"效果处理前

图 4.13　创建包络

实现淡入或者淡出。在"预置"中选择"Smooth fade in"或"Smooth fade out"。这里对图 4.12 中的音频片段进行淡入处理，如图 4.14 所示。

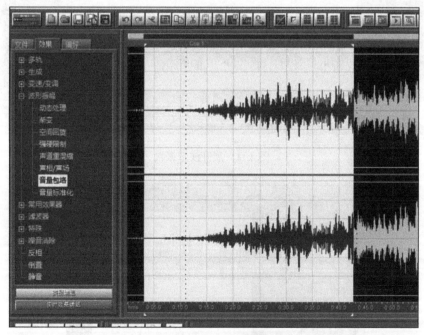

图 4.14　淡入处理效果

在包络界面中可以手动调节音量。如对上述音频进行处理时，在包络界面的 24 s 处单击"创建包络点"，30 s 处再次单击，向下拖 30 s 处的包络点使音量渐小，这里可以选择是否对音量做平滑曲线处理。过程如图 4.15～图 4.17 所示。

图 4.15　包络界面的手动音量调节

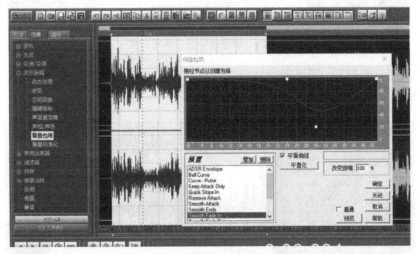

图 4.16　对音量做平滑曲线处理

图 4.17　不勾选"平滑曲线"处理

在 36 s 处创建包络点,向下拉,这样从 30 s 到 36 s 的音量就整体变小了;再创建包络点,向上拉,使音量恢复之前的水平,如图 4.18 所示。

图 4.18　创建包络点并恢复音量

单击"确定→保存",即可得到处理好的音频文件。图 4.12 中的音频片段处理后的效果如图 4.19 所示。

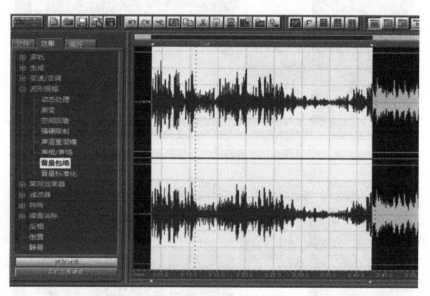

图 4.19　图 4.12 中音频片段处理后的效果

(2) 删除音频文件中的一段

删除音频文件中的一段只需选中不需要的音频片段,单击右键选择"剪切"即可,如图 4.20 所示。

(3) 从一个音频文件中复制一段拼接到另一个音频文件的某个位置

拼接音频是比较容易的,只需选取一段波形粘贴到需要的位置。在粘贴过程中可以放大音频波形,以找到粘贴的准确位置,如图 4.21～图 4.23 所示。

图 4.20　剪切选中音频片段

图 4.21　选中一段音频片段

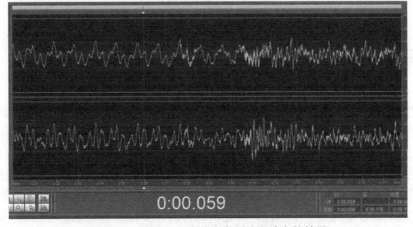

图 4.22　对图 4.21 中选中音频片段放大的效果

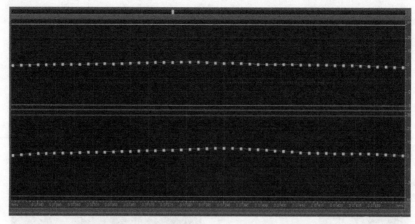

图 4.23　对图 4.22 进一步放大后的信号点

　　放大音频波形后，更容易找到音频拼接的准确位置。在图 4.23 中可以看到音频的离散的样本点。如图 4.24 所示，新建一个音频文件时，会弹出对话框，要求选择新建音频波形的采样率、声道和采样精度。

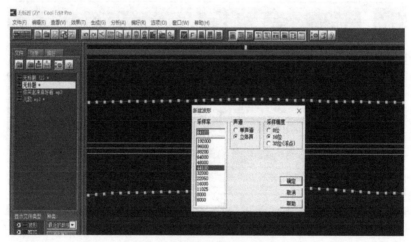

图 4.24　新建波形对话框

4.7　语音识别技术简介

　　语音的时域分析和频域分析是语音分析的两种重要方法。但是这两种方法均有局限性。时域分析对语音信号的频率特性没有直观表示；频域中又没有表示语音信号随时间的变化关系。因此，人们致力于研究语音的时频分析特性，把和时序相关的傅里叶分析的显示图形称为语谱图或声谱图[25-26]。语谱图在 1941 年由贝尔实验室研究人员发明，它试图用三维的方式显示语音频谱特性，纵轴表示频率，横轴表示时间，颜色的深浅表示特定频带的能量大小。语谱图的发明是语音研究的一个里程碑，它将语音的许多特征直观地呈现出来。语谱图中显示了大量与语音的语句特性有关的信息，它综合了频谱图和时域波形的特点，明显地显示出语音频谱随时间的变化情况，是一种动态的频谱。

不同的语谱图表现的语音特征不同。语谱图因其不同的黑白程度，形成不同的花纹，被称作"声纹"。不同的说话人的语谱图具有不同的"声纹"。据此可以区别说话人，这与不同的人有不同的指纹，根据指纹可以区别不同的人是一个道理。同理，同一个人在发音不同时，会有不同的语谱表现，据此可以识别不同的发音内容。

1952 年，贝尔研究所的 Davis 等成功研制出世界上第一个能识别 10 个英文数字发音的实验系统。20 世纪 60 年代，伴随计算机技术的发展，语音识别技术也得以进步，动态规划和线性预测分析技术解决了语音识别中最重要的问题——语音信号产生的模型问题。20 世纪 70 年代，语音识别技术有了重大突破，动态时间规整（Dynamic Time Warping, DTW）技术基本成熟，使语音可以等长，另外，向量量化（Vector Quantization, VQ）和隐马尔可夫模型（Hidden Markov Model, HMM）理论也不断完善，为语音识别的发展做了铺垫。20 世纪 80 年代，对语音识别的研究更为彻底，各种语音识别算法被提出，其中的突出成就包括 HMM 人工神经网络（Artificial Neural Network, ANN）。进入 20 世纪 90 年代后，语音识别技术开始应用于全球市场，许多著名科技互联网公司都为语音识别技术的开发和研究投入巨资。到了 21 世纪，语音识别技术研究重点转变为即兴口语和自然对话以及多种语种的同声翻译[27]。

国内关于语音识别技术的研究与探索从 20 世纪 80 年代开始，取得了许多成果并飞速发展。例如，清华大学研发的语音识别技术以 1 183 个单音节作为识别基元，并对其音节进行分解，最后进行识别，使三字词和四字词的识别准确率高达 98%；中科院采用连续密度的 HMM，整个系统的识别准确率达到 89.5%，声调和词语的识别准确率分别为 99.5% 和 95%[28]。目前，我国的语音识别技术已经达到国际先进水平。

语音识别主要有以下 5 个问题。

（1）对自然语言的识别和理解。首先需要将连续的语句分解为词、音素等单位，其次要建立一个理解语义的规则。

（2）语音信息量大。语音模式不仅对不同的说话人不同，对同一说话人也是不同的。例如，一个说话人在随意说话和认真说话时的语音信息是不同的，一个人的说话方式会随着时间发生变化。

（3）语音的模糊性。不同的词可能听起来是相似的。

（4）单个字母或字、词的语音特性受上下文的影响，导致改变了重音、音调、音量和发音速度等。

（5）环境噪声和干扰对语音识别有严重影响，致使识别率低。

传统语音识别方法主要是模式匹配法。在训练阶段，用户将词汇表中的每一词依次说一遍，并且将其特征矢量作为模板存入模板库。在识别阶段，将输入语音的特征矢量依次与模板库中的每个模板进行相似度比较，将相似度最高者作为识别结果输出。

本节阐述语音识别过程中的特征提取方法，主要包括语音信号加窗分帧、端点检测、频域变换、倒谱分析、梅尔频率倒谱系数提取等。

1. 语音信号加窗分帧

语音信号在短时间内是平稳的，相关性较强，可以通过得到短时的语音信号来辅助实现音频的识别。为了得到短时的语音信号，采用加窗操作对语言信号进行分帧。语音信号通过分帧后，变成了若干帧短时的语音信号，如图 4.25 所示。

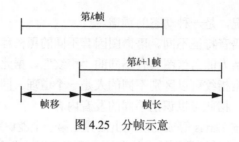

图 4.25 分帧示意

2. 端点检测

通过端点检测获取有用语音信号的开始和结束，去除静音和噪声部分，既可以减少噪声带来的干扰，也可以降低计算量。端点检测需要计算短时能量和短时过零率。

设第 n 帧语音信号 $X^n(m)$ 的短时能量为 E_n，则其计算式为[29-30]

$$E_n = \sum_{m=0}^{N-1} X_n^2(m)$$

其中，N 为信号帧长。

短时过零率的定义如下[29-30]。

$$Z_n = \frac{1}{2} \sum_{m=0}^{N-1} \left| \text{sgn}\left[X_n(m) \right] - \text{sgn}\left[X_n(m-1) \right] \right|$$

其中，sgn[ ]是符号函数。

$$\text{sgn}\left[X \right] = \begin{cases} 1, & X \geqslant 0 \\ -1, & X < 0 \end{cases}$$

通过短时过零率的定义可以计算语音信号的过零次数。语音信号一般可分为无声段、清音段和浊音段。端点检测首先判断有声还是无声，如果有声，则判断是清音还是浊音。然后，综合利用短时能量和过零率两个特征，采用双门限端点检测法，根据信号设置 4 个阈值[30-31]，分别为能量阈值 TL 和 TH、过零率阈值 ZCRL 和 ZCRH。当某帧信号大于 TL 或者 ZCRL 时，认为是信号的开始，但有可能是时间比较短的噪声；当大于 TH 或 ZCRH 时，则认为是正式的语音信号；如果保持一段时间，则确认这信号即为所需信号。最后，通过双门限端点检测法检测出有用语音信号的开始和结束，去除静音和噪声部分，既可以减少噪声带来的干扰，也可以降低计算量。

3. 频域变换

对分帧后的每小段音频进行快速傅里叶变换（Fast FT, FFT），分帧后横坐标表示每一个帧段，对每个帧段进行快速傅里叶变换后，在帧段内的纵坐标变为其帧段内的频谱信息。

如图 4.26 所示，一段音频被分为很多帧，每帧对应于一个频谱（计算短时 FFT），频谱表示频率与能量的关系。在实际使用中，频谱图有 3 种，即线性振幅谱、对数振幅谱、自功率谱（对数振幅谱中各谱线的振幅都做对数计算，其纵坐标的单位是 dB。这个变换的目的是使那些低振幅的成分相对高振幅成分得以拉高，以便观察掩盖在低振幅噪声中的周期信号）[31]。将其中一帧语音的频谱通过坐标图表示，横坐标为频率，纵坐标为频谱值；再将坐标系逆时针旋转 90°，纵坐标为频率，原坐标系中纵坐标的频谱值（即频率幅度值）映射为灰度级作为横坐标，将连续的幅度量化为 256 个量化值，0 表示黑色，255 表示白色。

幅度值越大，相应的区域越黑。这样表示是为了增加时间维度，可以显示一段语音而不是一帧语音的频谱。

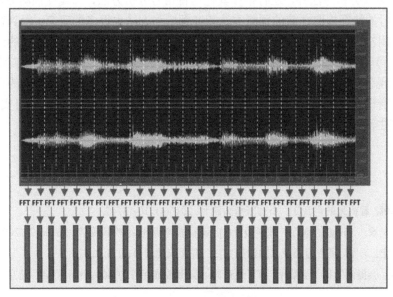

图 4.26　分帧后的快速傅里叶变换

4．倒谱分析

音频时域信号经频域变换后，频域信号曲线的峰值表示语音的主要频率成分，可把这些峰值称为共振峰。共振峰携带了声音的辨识属性，可用它识别不同的声音[32]。把共振峰的位置连接成一个平滑曲线，包络就是一条连接这些共振峰点的平滑曲线。因此，原始的频谱可以看作由两部分组成：包络和频谱的细节。为了得到包络，需要把原始频谱中的包络和频谱细节分离，这个过程叫倒谱分析。

5．梅尔频率倒谱系数提取

梅尔（Mel）频率分析基于人类听觉感知实验。实验观测发现，人耳就像一个滤波器组，它只关注某些特定的频率分量（人的听觉对频率是有选择性的），而把其他的频率滤掉，剩下的频率可以得到语音特征[29]。

梅尔频率倒谱系数（Mel Frequency Cepstrum Coefficient, MFCC）考虑了人类的听觉特征，先将线性频谱映射到基于听觉感知的 Mel 非线性频谱中，然后转换到倒谱上。将普通频率转化为 Mel 频率的计算式是[29]

$$\mathrm{mel}(f) = 2\,595\lg(1+\frac{f}{700})$$

提取 MFCC 特征的主要过程如下[29]。

（1）对语音进行预加重、分帧和加窗。

（2）对每一个短时分析窗，通过 FFT 得到对应的频谱。

（3）通过 Mel 滤波器组得到 Mel 频谱。

（4）对 Mel 频谱进行倒谱分析，获得 MFCC，MFCC 就是这帧语音的特征。

通过以上过程，可得到音频每一帧的 MFCC 特征向量。一个完整的音频经过特征提取，即可变成由多帧特征向量组成的特征组。

除了 Mel 频率分析方法外，还有很多其他语音信号分析方法，如线性预测分析、小波分析等。对音频信号的特征提取之前的预测方法和音频增强方法也很多的研究。得到音频的特征信息之后，可以用特征匹配和识别技术达到语音识别的目的。目前，具有代表性的语音识别方法主要有动态时间规整技术、隐马尔可夫模型、矢量量化、人工神经网络、支持向量机等[32]。而深度学习的出现使语音识别和应用有了较大的进展。语音识别主要包括说话人的识别和说话内容的识别。语音识别技术主要应用于工业、医学、交通、电商、旅游等领域，可实现人机交互，为人们的生产生活带来更多便捷和智能体验。

参考文献

[1] 郭川, 郭海蓉. 看得见的声音[J]. 小猕猴智力画刊, 2016(4): 10-13, 47.

[2] 张志全, 朱友埝. 《声音的特性》教学设计[J]. 课程教育研究(新教师教学), 2016(27): 208.

[3] 艾静, 万新宇, 周军. 噪声污染及其防治研究[J]. 群文天地, 2011(18): 262.

[4] 帕斯德里斯. 会提问的孩子更聪明 孩子最爱问、父母最难回答的 400 个问题[M]. 北京: 中国华侨出版社, 2012.

[5] 林福宗. 多媒体技术基础(第 4 版)[M]. 北京: 清华大学出版社, 2017.

[6] 沈世镒, 吴忠华. 信息论基础与应用[M]. 北京: 高等教育出版社, 2004.

[7] 戴琼海, 付长军, 季向阳. 压缩感知研究[J]. 计算机学报, 2011, 34(3): 425-434.

[8] 吴天行, 华宏星. 机械振动[M]. 北京: 清华大学出版社, 2014.

[9] JENNIFER B. 数字媒体技术教程[M]. 王崇文, 李志强, 刘栋, 等译. 北京: 机械工业出版社, 2015.

[10] 羊梅君. 通信原理[M]. 武汉: 华中科技大学出版社, 2019.

[11] 卢官明, 宗昉. 数字音频原理及应用(第 3 版)[M]. 北京: 机械工业出版社, 2017.

[12] 桂海源. IP 电话技术与软交换(第 2 版)[M]. 北京: 北京邮电大学出版社, 2010.

[13] 张志远. 参数编码算法概述[J]. 北京广播学院学报(自然科学版), 2005, 12(1): 31-35.

[14] 张光洲. 脉冲编码调制技术在测井数传中的应用[J]. 石油仪器, 2007, 21(4): 41-43.

[15] 高培先, 乔东峰. 脉冲编码调制模拟器设计[J]. 计算机测量与控制, 2006, 14(12): 1700-1703, 1716.

[16] 陶喆, 林财兴, 何绪兰. 自适应增量调制 ADM 的实现与 MATLAB 仿真[J]. 现代机械, 2010(6): 59-62.

[17] 苗长云. 现代通信原理[M]. 北京: 人民邮电出版社, 2012.

[18] 《数学辞海》编辑委员会. 数学辞海(第三卷)[M]. 南京: 东南大学出版社, 2002.

[19] 史水平, 李世作. 线性预测编码(LPC)技术及其在音频文件上的应用[J]. 现代电子技术, 2004, 27(4): 21-23.

[20] 栾正禧. 中国邮电百科全书 电信卷[M]. 北京: 人民邮电出版社, 1993.

[21] 王知津. 信息存储与检索[M]. 北京: 机械工业出版社, 2009.

[22] LI Z N, DREW M S. 多媒体技术教程[M]. 史元春, 译. 北京: 机械工业出版社, 2007.

[23] 李琦. 浅析 MIDI 音乐中的波表合成技术[J]. 科技广场, 2005(5): 124-126.

[24] 任达敏. 计算机与 MIDI 音乐知识卡片(三)MIDI 的三个标准: GS、GM、XG(下)[J]. 中国音乐教育, 1999(5): 25.

[25] 陈向民, 张军, 韦岗. 基于语谱图的语音端点检测算法[J]. 电声技术, 2006(4): 46-49.

[26] 李富强, 万红, 黄俊杰. 基于 MATLAB 的语谱图显示与分析[J]. 微计算机信息, 2005(20): 177-179.

[27] 李志远. 语音识别技术概述[J]. 中国新通信, 2018, 20(17): 79-80.

[28] 于俊婷, 刘伍颖, 易绵竹, 等. 国内语音识别研究综述[J]. 计算机光盘软件与应用, 2014(10): 76-78.

[29] 柳若边. 深度学习：语音识别技术实践[M]. 北京: 清华大学出版社, 2019.

[30] 赵力. 语音信号处理(第 3 版)[M]. 北京: 机械工业出版社, 2015.

[31] 韩纪庆, 张磊, 郑铁然. 语音信号处理(第 3 版) [M]. 北京: 清华大学出版社, 2019.

[32] 黄子君, 张亮. 语音识别技术及应用综述[J]. 江西教育学院学报, 2010, 31(3): 44-46.

第5章

数字电视与数字视频技术

5.1 电影与电视

5.1.1 电影摄放原理

电影是一种传播媒介。它可以借助声、光、形象来表达情感和思想等[1]。电影借助了人眼具有的视觉暂留的特性，即人眼看到影像之后，影像不会马上在人眼中消失，而是在视网膜上滞留 0.1～0.4 s 左右。

（1）电影放映原理

电影放映过程中，电影胶片以每秒 24 帧画面匀速转动，胶片只有运动到镜头前被照亮时才会在屏幕上显示。胶片看似在匀速运动，实际上是一静一动的交替运行；镜头看似一直亮着，实际上是一亮一灭。镜头点亮速度非常快，以每秒 24 次交替运行，人眼很难分辨出来。

（2）电影拍摄原理

电影拍摄是人们记录和再现客观世界的重要手段，它拍摄的影像与物体的实际形状、体积、颜色以及在时间和空间中的运动具有很大的相似性，给人一种真实的感觉。电影摄影机类似于照相机，它们都可以将现实生活中的物体记录在胶片上。不同的是，电影摄影机可以连续不断地拍摄，它在 1 s 内可以拍摄很多张图片。电影拍摄是以条状感光胶片为载体来记录景物活动影像的过程，借助凸透镜的光学成像，根据视觉的特征，以每秒 24 帧拍摄被摄对象的一系列变化的画面。

（3）摄像机工作原理

摄像机是一种把物体发出或反射的光信号转换为电信号的装置，其结构大致可以分为三部分：光学系统、光电转换系统及电路系统[2]。光学系统的主要部件是光学镜头，它由透镜系统组合而成。透镜系统包含许多片透镜，使光线折射成像。光电转换系统把光学图像转换成电信号。这些电信号的作用是微弱的，必须经过电路系统进一步放大，形成符合特定技术要求的信号并输出。

摄像系统把被摄对象的光学图像转变成相应的电信号，形成被记录的信号源。录像系统把信号源的电信号通过电磁转换系统变成磁信号，并将其记录在录像带上。放像系统可将所记录的信号重放出来，把录像带上的磁信号变成电信号，再经过放大处理后送到屏幕上成像。

5.1.2　电视基本原理

电视的产生是在电影的基础之上发展起来的，它是利用电影的动态影像产生原理，结合现代通信技术和电子成像技术发展起来的重要广播和视频通信工具。与电影相似，电视利用人眼的视觉暂留效应显现一帧帧静止图像，形成视觉上的活动图像[3]。电视系统包括信号源、信号处理与记录系统、传输线路及终端显示设备等[4]，如图 5.1 所示。

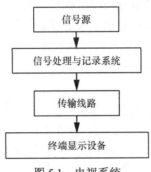

图 5.1　电视系统

1．电视工作过程

电视是根据人眼视觉特性以一定的信号形式实时传送活动景物（或图像）的技术。在发送端，电视摄像机把景物（或图像）转变成相应的电信号，将电信号传输到接收端，再由相应的设备显示原景物或图像，电视工作原理如图 5.2 所示[5]。

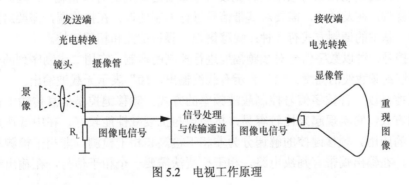

图 5.2　电视工作原理

2．电视信号的形成与传输

（1）电视信号的发射

摄像管进行光电转换，将景物（或图像）各部分的明暗变化和色彩变化转换成相应的图像信号，同时，把声音的强弱变化转换成音频伴音信号。

电视信号的发射过程包括图像信号的发射过程和伴音信号的发射过程，如图 5.3 所示[6]。

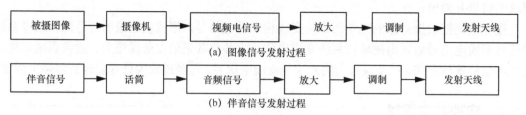

（a）图像信号发射过程

（b）伴音信号发射过程

图 5.3　图像信号和伴音信号发射过程

（2）电视信号的传输

电视信号经调制器调制到射频载波上变成射频电视信号，经有线电视网络、广播电视发射系统或卫星电视系统等不同方式传输到终端。

（3）电视信号的接收过程

电视信号的接收过程包括图像信号还原过程和伴音信号还原过程，如图 5.4 所示[6]。电视信号的终端显示主要是使用检波和显示器来进行解调和电光转换。射频信号经解调还原为视频电视信号和音频伴音信号，视频电视信号经显像管或其他显示器还原为原景物（或图像）的光像，伴音信号经扬声器还原为声音。

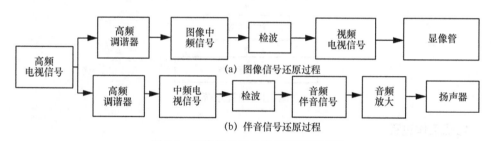

（a）图像信号还原过程

（b）伴音信号还原过程

图 5.4　图像信号和伴音信号还原过程

3．电视信号的调制与解调

基带信号未经调制很难有效地进行无线传输或者远距离的有线传输[7]。因此，对于数字电视等数字视频，在发送端，需要对基带信号进行调制处理；在接收端，需要对数字信号进行解调处理。基本的调制方式有 3 种：幅移键控、频移键控和相移键控。

幅移键控是一种以数字信号对载频幅度进行控制的调制。它用二进制序列的数字基带信号去控制连续高频载波的幅度。"1"表示有载波输出，"0"表示无载波输出。

频移键控是以一种数字信号控制载波频率的方式。频移键控是信息传输中使用得较早的一种调制方式，它实现起来比较容易，抗噪声与抗衰减性能较好，在中低速数据传输中得到了广泛的应用。频移键控的解调分为非相干检测和相干检测。非相干检测法为了消除失真或干扰，在输出端带有判决电路。相干检测法需要一个相干信号，在输出端同样有判决电路。

相移键控是对信号相位的调制，利用数字信号对载波相位进行控制，使载波的相位随信号而改变，利用调制波的相位变化携带信息。

4．扫描机制

摄像管和显像管用于对电视图像的摄取与重现。在发送端将平面图像分解成若干像素，并以电子束的形式顺序传送出去，在接收端将信号复合成完整的图像[8]。图像的分解与复合是靠扫描完成的。

隔行扫描是电视扫描技术中的一项经典技术[9-10]。对于一帧图像，电子束分为奇数场和偶数场扫描。在奇数场，扫描 1、3、5 等奇数行；在偶数场，扫描 2、4、6 等偶数行。例如：奇偶两场一共扫描 625 行，完整的图像由奇数行和偶数行镶嵌完成。

隔行扫描作为基础的电视扫描技术，基本解决了闪烁问题，但是由于图像信号带宽不高和垂直扫描行数有限，导致图像分辨率差，特别是在处理一些快速移动的图像时，往往出现边缘发花的现象。

除了经典的隔行扫描技术外，还有以下几种扫描技术[9]。

（1）倍速扫描技术。其基本原理就是提高场频，将电视的信号扫描频率直接由传统的 50 Hz/ 60 Hz 提升至双倍，从而解决动态残影的问题，让整个画面自然流畅。

（2）运动补偿帧技术。这种技术原理与倍速扫描中插帧技术类似，它通过主动运算，将前后两帧画面进行比较，比较后插入一幅运算后的"中间动作帧"，以提高扫描的速率，而不是仅仅插入已有的帧来减少抖动。

（3）三次元逐行扫描，也称为三维逐行变换。三次元或者三维，是指水平、垂直、时间。这种扫描方式是在逐行扫描基础上对电视图像增加插值，即增加水平方向像素点和垂直方向扫描线，其增加数量必须与电视显示屏的固有分辨率相对应。

（4）数字超微点阵技术。这项技术主要思想是以像素来衡量电视清晰度。其以点为核心进行信号处理，通过大幅提升水平和垂直方向上像素的密度，来提高显像的清晰度。

5．彩色电视制式

电视制式是指电视发送与接收系统的技术标准和规格。彩色电视制式主要指彩色电视信号编码与解码的方式。彩色图像经摄像后会产生 ER、EG、EB 三基色信号，ER、EG、EB 分别反映原图像红、绿、蓝三基色分量信息。在发送端，通过编码将三基色信号组成彩色全电视信号。在接收端，通过解码从彩色全电视信号中恢复原图像的三基色[1]。

按使用的目的不同，彩色电视制式可分为兼容制和非兼容制两大类，目前世界上的彩色电视广播大都采用兼容制[11]。兼容制彩色电视是指，黑白电视机可以播放彩色电视系统发出的彩色电视信号（显示的图像是黑白图像）；彩色电视机可以播放黑白电视系统发出的黑白电视信号（显示的图像是黑白图像）。要实现彩色电视与黑白电视兼容，应满足以下条件。

（1）彩色电视信号中应包含亮度信号和色度信号。亮度信号包含了彩色图像的亮度信息，它与黑白电视机的图像信号一样，能使黑白电视机接收并显示出黑白画面。色度信号包含彩色图像的色调与饱和度等信息，被彩色电视机接收后，与亮度信号一起经过处理显示出彩色画面。

（2）彩色电视信号通道的频率特性与黑白电视通道频率特性基本一致。

（3）彩色电视信号与黑白电视信号的扫描方式、扫描频率和同步方式一致。

（4）尽量减少亮度（黑白信号）与色度信号之间的干扰。在制作彩色电视信号时，应尽可能减小黑白电视机接收彩色电视信号时受到色度信号的干扰，以及彩色电视中色度信号对亮度信号的干扰。

三大国际彩色电视标准为 NTSC 制、PAL 制、SECAM 制[12]。

（1）NTSC 制即正交平衡制

NTSC 制是 1952 年由 NTSC（National Television System Committee）制定的彩色电视广

播标准，两大主要分支是 NTSC-J 与 NTSC-US（又名 NTSC-U/C）。NTSC 制属于同时制，帧率为 29.97 帧/秒，扫描线为 525，隔行扫描，画面比例为 4：3，分辨率为 720 像素×480 像素，使用 YIQ 颜色模型。NTSC 制的优点是电路短，单设备成本低；缺点是两色差信号传输过程中的串扰和接收端色差信号分离不彻底，容易出现串色、颜色失真。

（2）PAL 制即逐行倒相正交平衡调幅制

PAL（Phase Alternation Line）制于 1962 年研制成功并正式使用。为了克服 NTSC 制的串色问题，PAL 制两个色差信号中的一个由 PAL 开关控制每行倒相一次，在接收端采用梳状滤波器可实现两色差信号的良好分离，大大减少了串色的问题。PAL 制的主要性能特点是，克服了 NTSC 制相位敏感的缺点，具有较好的兼容性，彩色信杂比高，亮、色分离要比 NTSC 制困难。与 NTSC 制相比，PAL 制的缺点是电路复杂，对同步精度要求高，存在行顺序效应，即"百叶窗"效应。

（3）SECAM 制即顺序传送彩色与存储复用制

SECAM（Sequential Color and Memory）制于 1966 年由法国研制成功。SECAM 制传输每一行彩色信号时，只传送一个色差信号，传送下一行信号时再传送另一个色差信号，把上一行传送的那个色差信号存储下来供本行使用。SECAM 制使传送彩色信号的每一时刻都只有一个色差信号，不存在互扰和分离的问题，其图像质量受传输通道失真的影响最小。SECAM 制的特点是不怕干扰，彩色效果好。其缺点是不能实现亮度信号和色度信号的频谱交错，兼容性不如 NTSC 制和 PAL 制，同时，亮度对色度串扰也较大。

三大国际彩色电视标准的相同点是，彩色图像都传送亮度 Y、红色差 $R-Y$、蓝色差 $B-Y$ 这 3 种信号。不同点是色差调制副载波的方法不同。所以，电视接收机电路也不同，不同制式的电视信号不通用。

5.2 电视信号

5.2.1 黑白全电视信号

电视系统通过传输图像信号来重现图像，传输行、场消隐信号以消去行、场扫描的回归线，使其不影响正常的图像。为了让这 3 种信号能用一个通道传输，并且在接收端方便地将它们分开，必须在发送端按一定规律将这 3 种信号组合起来，这个组合起来的信号就称为黑白全电视信号。

（1）图像信号

图像信号是携带着一行行、一场场景物信息的电信号[13]，它通常是由摄像管产生的。确定图像的信号波形依据为以下两点：①摄像管将一幅图的亮度分布经过电子束扫描来进行像素分解，使之转变成按逐行逐场时间顺序排列的电信号；②摄像管某时刻输出的电流信号正比于该时刻电子束所扫描像素的亮度大小。

（2）复合消隐脉冲

为了消除行、场逆程扫描线（简称回扫线），必须由同步机产生行、场消隐脉冲。行消隐脉冲使摄像管与显像管的电子束在行逆程期间截止，消除行回扫线；场消隐脉冲在场逆程期间使电子束截止，消除场回扫线，从而避免它们对正常图像的干扰。复合消隐脉冲按时间顺序将行消隐脉冲序列和场消隐脉冲序列组合在一起的。由于广播电视采用奇数行隔行扫描，相邻两场行消隐的相对位置差半行，所以复合消隐脉冲是按帧（两场）周期重复变化的。

（3）复合同步信号

电视系统在扫描完一行和一场时，分别加入行同步和场同步信号。使发送端与接收端保持一致的信号统称为复合同步信号。为了不干扰图像，同步信号在逆程发出，叠加在行场消隐信号上。复合同步电平比复合消隐电平高，使复合同步信号与图像信号、消隐信号在幅度上有较大的差别，便于在接收端用简单的限幅器（即同步分离级），从全电视信号中分离出复合同步信号。图像信号和复合消隐信号不必再分离，可以直接送给显像管作为图像信号使用。

可以看出，黑白全电视信号具有三大特征：周期性、单极性和脉冲性。由于电视采用周期性的扫描，因此电视信号具有明显的行、场周期性或准周期性。由于图像亮度只有正值而无负值；因此电视信号是单极性的，这与声音信号不同，声音信号是双极性的。电视信号的脉冲性表现为两点：其一，图像信号本身是一系列像素所产生的电脉冲信号组合而成的；其二，复合消隐和复合同步信号都是周期性的脉冲信号。

5.2.2　彩色全电视信号

彩色图像信号与黑白图像信号不同点在于，彩色图像信号不仅含亮度还含有色度信号[14]。

（1）亮度信号

亮度信号用来表示图像的明暗程度。在彩色图像中，亮度信号反映了彩色光的明暗程度，与彩色光的颜色有关，但实质还是黑白信号[15]。彩色电视信号一般采用正极性视频信号。正极性视频信号用相对幅度 1（即 100%）表示白图像，用 0 表示黑图像。也就是说信号幅度越大，图像越亮；幅度越小，图像越暗。亮度信号的频率反映图像所占屏幕面积的大小，即图像的繁简程度。

亮度方程是描述三基色与彩色光亮度关系的方程，其中，Y 为彩色光的总亮度，R、G、B 为三基色光亮度。

$$Y = 0.30R + 0.59G + 0.11B$$

彩色光总亮度 Y=100%的白光，则绿色光对亮度的贡献为 59%，红色光对亮度的贡献为 30%，蓝色光对亮度的贡献为 11%。

（2）色差信号

由亮度方程可知，直接使用三基色传送图像时，图像的颜色成分会影响图像的亮度，造成彩色图像的明暗随图像颜色变化，形成亮色干扰。在实际的彩色图像信号中，为了减少亮度信号与基色信号的互相干扰，颜色是用色差信号表示的。色差信号是指基色与亮度之差，分为红色差 $R-Y$、绿色差 $G-Y$、蓝色差 $B-Y$。

$$R - Y = R - (0.3R + 0.59G + 0.11B) = 0.7R - 0.59G - 0.11B$$

$$B - Y = B - (0.3R + 0.59G + 0.11B) = -0.3R - 0.59G + 0.89B$$

$$G - Y = G - (0.3R + 0.59G + 0.11B) = -0.3R + 0.41G - 0.11B$$

色差信号中不包含亮度信号，所以也称为色度信号。传送色差信号即可传送色彩信息，但不需要 3 个色差信号都传送。因为 $Y=0.3R+0.59G+0.11B$ 可得 $0.3Y+0.59Y+0.11Y=0.3R+0.59G+0.11B$，$G-Y=-0.51(R-Y)-0.19(B-Y)$。说明绿差信号可以在电视机中通过色差矩阵由红差信号与蓝差信号计算[16]。兼容制彩色电视机发送端只要传送两个色差信号和一个亮度信号即可传送彩色图像，接收端首先由绿差矩阵得到绿差信号，再由 3 个色差信号与亮度信号得到三基色信号，便可得到彩色图像。

（3）彩色图像信号分析

彩色图像信号的主要组成部分是亮度信号 Y、色差信号 $R-Y$ 和 $B-Y$。为了实现系统同步，还必须有行、场同步和色同步等信号[15]。Y 用宽带传输（0～6 MHz）以保留图像轮廓、图像明暗和清晰度；$R-Y$ 和 $B-Y$ 用窄带传输（0～1.3 MHz），保证合适的图像色度。

（4）色度信号的调制

色差信号的频谱结构与亮度信号的频谱结构是相同的。如果将色差信号和亮度信号直接混合在一起发送，则接收端很难将它们分离，而且，它们会相互干扰。为了在原有的亮度信号频带内兼容色差信号，必须将色差信号移频，使之与亮度信号的频谱结构错开，为此可采用频谱交错技术，将色度信号插入亮度信号的频谱空隙。调制是一种最好的频移方法，不同的电视制式采用不同的调制方式。例如，NTSC 制彩色电视采用平衡调幅将色差信号频移。为了方便调制，需将色差信号先进行频带和幅度压缩。

① 色差信号频带和幅度压缩

人眼视觉特性的研究表明，人眼对亮度信号的细节分辨力较高，而对色度信号的细节分辨力较低，这称为大面积涂色原理[14]。大面积涂色原理应用在电视技术中，也称高频混合原理。在传输彩色图像过程中，传输代表亮度信息的信号应占据全部视频带宽（6 MHz）以保证清晰度；传输代表色度信息的信号可用较窄的频带。

研究者的实验统计结果表明，使用 1 MHz 带宽传输色差信号，所获得的彩色图像 88% 的人会感到满意，若用 2 MHz 带宽传送色差信号，几乎所有的人都会对所获得的彩色图像满意。

利用人眼对色彩图像细节分辨力不高的特点，可将色差信号的频带压缩在 0.5～1.5 MHz 以内[17]。PAL 制将色差信号压缩为 1.3 MHz。采用低通滤波器很容易将信号进行频带压缩。为了使调制后的色度信号幅度不至于过大，必须将色差信号的幅度进行压缩。将红差信号与蓝差信号分别乘以压缩系数 0.877 与 0.493 进行幅度压缩，即 $V=0.877(R-Y)$，$U=0.493(B-Y)$，压缩后的红差信号简称为 V 信号，压缩后的蓝差信号简称为 U 信号。

② 色度信号的调制

NTSC 制采用正交平衡调幅制。平衡调幅制是抑制载波的调幅。正交平衡调幅制是将 U、V 信号调制在频率相同、相位相差 90° 的两个副载波上[18]。NTSC 制色度信号的矢量图如图 5.5 所示。通常，U 信号的平衡调幅波用 F_U 表示，V 信号的平衡调幅波用 F_V 表示，副载波的角频率为 $\omega_{sc}t$。F_V 和 F_U 项混合的正交平衡调幅称作已调色度信号，用 F 表示。$F=F_V+F_U=$

$(R-Y)\cos\omega_{sc}t+(B-Y)\sin\omega_{sc}t$。矢量 F 等于两个互为正交平衡的调幅分量 F_V 和 F_U 的矢量和,所以 F 又可以表示为 $F=F_U+F_V=F_M\sin(\omega_{sc}t+\varPhi)$。$F_M$ 与两色差信号的幅度有关,反映了彩色的色彩饱和度;相位角 $\varPhi$ 与两色差信号的比值有关,反映了彩色的色调。

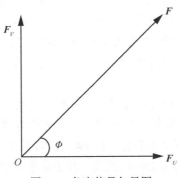

图 5.5　色度信号矢量图

为了解决 NTSC 制的相位敏感点,PAL 制采用逐行倒相的正交平衡调幅制。即在 NSTC 制的基础上,U 信号的相位不变,将 V 信号进行逐行倒相后再对副载波进行调制。由于调制为相乘关系,也可将 V 信号的副载波进行倒相。将 V 信号逐行倒相是为了减少色调失真。由于信号相位代表色调,因此在接收端还必须将其相位复原,否则会使色调改变。PAL 制利用倒相行与不倒相行在传输过程中产生相反的相位失真,即相邻行彩色产生相反的色调失真,可以减少色调失真。

综上所述,彩色图像信号包括亮度信号与色度信号。彩色全电视信号由色度信号 F、色同步信号、亮度信号 Y 与消隐信号 A、同步信号 S 经混合电路后输出。此信号是色差信号进行幅度叠加形成色度信号,再与亮度、同步、消隐等其他信号混合而成。

5.3　模拟电视与数字电视

数字电视是数字电视系统的简称,是指音频、视频和数据信号从信源编码、调制到接收和处理均采用数字技术的电视系统。数字电视是将活动图像、声音和数据通过数字技术进行压缩、编码、传输、存储、实时发送、广播,供观众接收、播放的视听系统[19]。从广义上,数字电视是数字传输系统,是原有电视系统的数字化。其具体传输过程是:电视台发出的图像及声音信号,经数字压缩和数字调制后,形成数字电视信号,经过卫星、地面无线广播或有线电缆等方式传输,由数字电视机接收后,通过数字解调和数字音频解码处理还原出原始图像及伴音[20]。由于全过程均采用数字技术处理,信号损失小,接收效果好,信号抗干扰能力强。

模拟电视和数字电视的区别在于它们接收的信源,也就是说电视发射台用什么方式来传输信号。若采用模拟方式传输信号,那么该电视发射台属于模拟制的,相应的电视机也属于模拟制的。

5.3.1　模拟电视

模拟电视的显示原理是把模拟信号转化为图像，每一个像素都对应一个点。用电压或电流的高低来表示电视图像的亮暗的电视信号称为模拟电视信号。模拟电视信号在时间上是连续的，信号的幅度变化也是连续的[21]。例如，摄像机输出的亮度信号 Y 是一个模拟电视信号，即它是用模拟量的电压或电流来表示的信号。亮度信号电压高则图像亮，亮度信号电压低则图像暗。

随着数字电视的普及，模拟电视正逐渐淡出人们的视野。模拟电视存在以下几个缺陷[22]。

① 亮度分解力不足，清晰度低，分辨率差，垂直分解力受限于每帧图像的有效扫描行数，水平分解力主要取决于亮度通道带宽。以 PAL 制的 575 有效行为例，考虑到隔行扫描及凯尔系数效应，其垂直分辨力约为 280 电视线。对于水平分辨力，每 1 MHz 视频带宽对应约 104 电视线，PAL 制视频带宽为 5.5 MHz 或 6 MHz，但实际电视系统中接收和播出的许多环节里亮度信号带宽不足 4 MHz，因此现有模拟电视的水平分解力不超过 400 线。

② 色度分解力不足，色彩无细节，欠柔和。

③ 色度信号带宽约为 1.3 MHz，彩色电视接收机中的色度通道的带宽约为 0.6 MHz，因此显示的电视图像实际彩色细节低于 100 电视线。

④ 亮度和色度信号间串扰。电视接收机不能把两者彻底分离开，因此亮度通道中会串入色度频谱，表现在电视图像上会出现细的网纹干扰；色度通道中会串入亮度频谱，表现在电视图像上会出现细斜线条，呈现杂色干扰，亮色串扰难以彻底消除。

⑤ 隔行扫描会引起并行、闪烁等现象。

⑥ 三大图际彩色电视标准互不兼容。

⑦ 频带利用率低，逆程不能传输有效信息。

⑧ 在传输过程中会引入各种各样的噪声，这些噪声不但无法消除，而且会累积，从而使图像质量不断下降。

⑨ 模拟信号难以在电路中实现存储、变化与加工。

5.3.2　数字电视

数字电视是从节目摄制、制作、编辑、存储、发送、传输到信号接收、处理、显示等全过程完全数字化的电视系统[23]。数字电视容易实现"无差错接收"；数字电视传输的频谱利用率高，易于实现统计复用，可实现移动接收，可避免系统的非线性失真影响，易于实现信号的存储。数字电视还可与计算机融合而构成多媒体计算机系统，如网络电视、交互电视和点播电视，改变了人们收看电视的方式。

1. 数字电视系统的组成原理

数字电视广播由节目源、广播和接收三大环节组成[24]。一个完整的数字电视系统由数字节目制作平台、数字电视信号传输平台及数字电视接收终端共同组成。数字电视的数字节目制作平台通常可分为信源处理、信号处理和传输处理三大部分，完成电视节目和数据信号采集，模拟电视信号数字化，数字电视信号处理与节目编辑，节目资源与质量管理，节目加扰、授权、认证和版权管理，电视节目存储与播出等功能。数字电视信号传输平台主要包括卫星、各级光纤、微波网络、有线宽带网地面发射等，既可单向传输或发射，也可组成双向传输与分配网络。数字电视接收终端可采用数字电视接收器加显示器方式，或数字电视接收一体机（数字电视接收机、数字电视机），也可使用计算机接收卡等，既可只具有收看数字电视节目的功能，也可构成交互式终端。

2. 数字电视广播系统的构成

数字电视广播系统由信源编码、多路复用、信道编码、调制、信道和接收机六部分组成，如图 5.6 所示[25-26]。

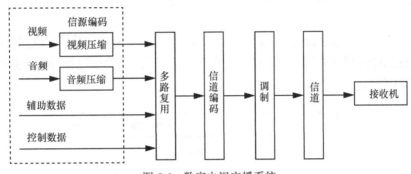

图 5.6　数字电视广播系统

（1）信源编码

首先将输入的图像和伴音信号经 A/D 转换后变成适合数字系统处理和传输的数字信号，接着将数字信号按信息的统计特性进行变换，以减少信号的冗余度，提高信号传输的效率，即在保证传输质量的前提下，用尽可能少的数字信号来表示信息[27-28]。信源编码是压缩信号带宽的编码，压缩后单位时间、单位频带内传输的信息量将增大。

（2）视频压缩

视频数据中存在大量的冗余，即图像的各像素数据之间存在极强的相关性。利用这些相关性，一部分像素的数据量能极大压缩，有利于传输和存储[28]。视频数据主要存在以下冗余[28]。

空间冗余。视频图像在水平方向相邻像素之间的变化一般都很小，存在极强的空间相关性。特别是同一景物各个点的灰度和颜色之间往往存在空间连贯性，从而产生了空间冗余，常称为帧内相关性。

时间冗余。在相邻场或相邻帧的对应像素之间，亮度和色度信息存在极强的相关性。当前帧图像往往具有与前、后两帧图像相同的背景和移动物体，只不过移动物体所在的空间位置略有不同，对大多数像素来说，亮度和色度信息是基本相同的，称为帧间相关性或时间相关性。

结构冗余。在有些图像的纹理区，图像的像素值存在明显的分布模式，如方格状的地板图案等。已知分布模式，可以通过某一过程生成图像，称为结构冗余。

知识冗余。有些图像与某些知识有较大相关性，如人脸的图像有固定的结构。这类规律的结构可由先验知识得到，此类冗余称为知识冗余。

视觉冗余。人眼对图像细节、幅度变化和图像的运动并非同时具有最高的分辨力。即人眼具有视觉非均匀性，对视觉不敏感的信息可以适当放弃。在记录原始的图像数据时，通常假定视觉系统是线性和非均匀的，对视觉敏感和不敏感的部分同等对待，从而产生了比理想编码更多的数据，这就是视觉冗余。

（3）视频信号的数字化

模拟电视信号通过采样、量化后编码为二进制数字信号的过程称为模数转换（A/D 转换）或脉冲编码调制，所得到的信号称为 PCM 信号，其过程如图 5.7(a)所示[28-29]。若采样频率为 f_s，用 n bit 量化，则 PCM 信号的码率为 nf_s。PCM 编码既可以对彩色全电视信号进行，也可以对亮度信号和两个色差信号分别进行，前者称为全信号编码，后者称为分量编码。

PCM 信号经解码和插入滤波恢复为模拟信号，如图 5.7(b)所示[28-29]，解码是编码的逆过程，插入滤波把解码后的信号插补为平滑、连续的模拟信号，这两个过程合称为数模转换（D/A转换）或 PCM 解码。

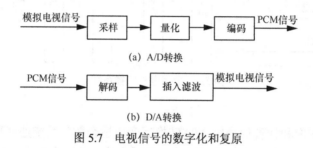

(a) A/D 转换

(b) D/A 转换

图 5.7　电视信号的数字化和复原

5.4　数字电视中的压缩编码技术

ITU、ISO 等组织对视频图像编码制定了国际标准，包括以 MPEG-1 和 MPEG-2 为代表的中高码率多媒体数据编码标准，以 H.261、H.263 等为代表的低码率、甚低码率运动图像压缩标准，以及覆盖范围更宽、面向对象应用的 MPEG-4。这些标准在码率、图像质量、实现复杂度、差错控制能力、时延特性及可编辑性上有着很大的差别，从而满足了各种数字图像应用的不同需要。表 5.1 为各编码标准所采用的主要技术和应用范围。

表 5.1　各种编码标准的主要技术和应用范围

标准名称	制定标准的机构和时间	压缩比（目标码率）	主要压缩技术	应用范围
MPEG-1	ISO/IEC 1992 年	1.5 Mbit/s	DCT 感觉量化 自适应量化 Zig-Zag 扫描排序 前向、双向运动补偿 半采样精度运动估计 Huffman 编码、算术编码	将视频信息存储在 CD-ROM 上 消费视频

（续表）

标准名称	制定标准的机构和时间	压缩比（目标码率）	主要压缩技术	应用范围
MPEG-2	ISO/IEC 1994 年	1.5～35 Mbit/s	DCT 感觉量化、自适应量化 Zig-Zag 扫描排序 前向、双向运动补偿 基于帧/场的运动补偿 半像素精度运动估计 空间、时域、质量的伸缩性 Huffman 编码、算术编码 误码回避	数字电视 数字 HDTV 高质量视频 卫星电视 有线电视 地面广播 视频编辑 视频存储
MPEG-4	ISO/IEC 1998—1999 年	8 kbit/s～35 Mbit/s	DCT、小波变化 感觉量化、自适应量化 Zig-Zag 扫描排序 Zero-tree 扫描排序 前向、双向运动补偿 基于帧/场的运动补偿 半像素精度运动估计 重叠运动补偿 空间、时域、质量的伸缩性 比特平面形状编码 面部动画 动态网格编码 Huffman 编码、算术编码 误码回避	因特网 交互视频 视觉编辑 视觉内容操作 消费视频 专业视频 2D/3D 计算机图形 移动通信
MPEG-7 （多媒体内容描述接口）	ISO/IEC 2001 年	— （MPEG-7 的主要目的不是视音频数据压缩，而是用规范的方式描述多媒体的内容信息）	描述符 描述方案 描述定义语言 系统工具	数字图书馆 多媒体编辑 多媒体名录服务 广播媒体选择 电子商务 调查服务 家庭娱乐
H.261	ITU-T 1990 年	64 p kbit/s p=1～30	DCT 自适应量化 Zig-Zag 扫描排序 前向运动补偿 整数倍采样精度运动估计 Huffman 编码 误码回避	ISDN 视频会议
H.263	ITU-T 1995 年	8 kbit/s～1.5 Mbit/s	DCT 自适应量化 Zig-Zag 扫描排序 前向、双向运动补偿 半采样精度运动估计 重叠运动补偿 Huffman 编码、算术编码 误码回避	POTS 可视电话 桌面可视电话 移动可视电话

5.4.1 MPEG 系列标准

MPEG 是国际标准化组织为制定数字视频和音频压缩标准而建立的一个工作小组，其正式名称是 ISO/IEC JTC1 SC29 WG11。自 1988 年成立以来，该小组已经制定出 MPEG-1、MPEG-2、MPEG-4、MPEG-7 等不同应用目的的标准。这些以该小组缩写称呼的名称，都是非正式的习惯称呼。

（1）MPEG-1 压缩标准

MPEG-1 就是国际标准 ISO 11172，批准于 1992 年，是以约 1.5 Mbit/s 的比特率对数字存储媒体（光盘、硬盘等）的活动图像及其伴音的压缩编码。采用 30 帧的 CIF 图像格式，总体视频质量在 1.2 Mbit/s 时与家用录像机相当。

编码系统的主要工作是将数字视频和数字音频分别编码形成视频比特流（简称视频流）和音频比特流（简称音频流），并与系统定时及其他用于视频和音频复用及同步重放的信息一起形成 MPEG-1 比特流。MPEG-1 比特流由系统层和压缩层构成，系统层包括定时视频和音频的同步等信息，压缩层则包括视频流和音频流。解码系统的主要工作是从 MPEG-1 比特流中提取定时信息等，并分离视频流和音频流，分别在定时信息的协调下解码恢复数字视频和数字音频。

MPEG-1 对比特流的结构和解码方法有具体的规定，这些规定包括运动估计、运动补偿预测、离散余弦变换、量化和不等长编码等，而对产生比特流的具体算法不加限制，因而其编码器的设计具有相当大的灵活性。对比特流和解码器进行规定的一些参数就包含在比特流中，这使该标准可用于不同大小、不同宽高比的图像和不同比特率的信道或设备。

MPEG-1 主要应用是，使压缩后的视频信息适于存储在 CD-ROM 上（650 MB 存储约 72 min 的视频信号）；同时适于在窄带信道（如 ISDN）、局域网（LAN）、广域网（WAN）中传输。MPEG-1 标准的出现极大地推动了 VCD 以及影视节目存储的应用与发展。

（2）MPEG-2 压缩标准

MPEG-2 制定于 1994 年，即国际标准 ISO 13818，主要用于对符合 CCIR601 广播质量的数字电视和高清晰度电视的压缩编码。

由于 MPEG-1 的图像质量达不到电视质量，例如 CCIR601 的要求，以及不能处理隔行扫描等问题，因此其应用受到很大的限制。在 MPEG-1 标准的基础上，ISO 和 ITU-T 又联合制定了 MPEG-2 标准。

MPEG-2 对 MPEG-1 进行了兼容性扩展，以适应在不同比特率和分辨率下的应用。与 MPEG-1 相比，其主要有以下特点：① 允许隔行扫描和逐行扫描输入、高清晰度输入，以及各种不同的色度亚采样方案；② 空间和时间上的分辨率可调整编码；③ 适应隔行扫描的预测方法和块扫描方式。

MPEG-2 标准对应的文件扩展名包括：.mpg、.m2v、.mpe、.mpeg 及 DVD 光盘中的.vob 文件等。这种文件格式主要应用在 DVD/SVCD、HDTV（高清晰电视广播）等领域。

（3）MPEG-4 压缩标准

MPEG-4 制定于 1998 年，是为播放流式媒体的高质量视频而设计的国际标准，其国际标准编号为 ISO 14496。其主要目的是为数字电视、交互式图形和多媒体的综合性生产、发行及内容访问提供标准的技术单元，包括基于对象的低比特率压缩编码。

MPEG-4 视频编码的目标在于提供一种通用的编码标准，以适应不同的传输带宽、不同的图像尺寸和分辨率、不同的图像质量等，进而为用户提供不同的服务，满足不同处理能力的显示终端和用户个性化要求。

MPEG-4 采用基于对象的视频编码方法，它不仅可以实现对视频图像的高效压缩，还可以提供基于内容的交互功能。此外，为了使压缩后的码流具有对于信道传输的稳健性，MPEG-4 提供了用于误码检测和误码恢复的一系列工具，这样采用 MPEG-4 标准压缩后的视频数据可以应用于带宽受限、易发生误码的网络环境中，如无线网络、Internet 和 PSTN 等。MPEG-4 标准对应的文件扩展名包括：.asf、.mp4、.mov 等。

（4）MPEG-7 压缩标准

在多媒体应用中，对日趋庞大的图像、声音信息的管理和检索变得越来越重要，为了解决这个问题，MPEG 专家组于 1996 年 6 月开始草拟图像编码新标准，该新标准称为"多媒体内容描述接口（Multimedia Content Description Interface）"，简称 MPEG-7。MPEG-7 力求能够快速且有效地搜索用户所需的不同类型的多媒体材料。MPEG-7 在 1998 年 10 月最初提出，2001 年 2 月形成 MPEG 委员会最终草案，2001 年年底形成国际标准。

MPEG-7 将对各种不同类型的多媒体信息进行标准化描述，并将该描述与所描述的内容相联系，以实现快速有效的搜索。该标准不包括对描述特征的自动提取，也没有规定利用描述进行搜索的工具或程序。MPEG-7 对信息的描述不再是基于像素、基于压缩（如 MPEG-1，MPEG-2），也不是基于对象（如 MPEG-4），而是基于信息。MPEG-7 可独立于其他 MPEG 标准使用，但 MPEG-4 中所定义的对音、视频对象的描述适用于 MPEG-7，这种描述是分类的基础。MPEG-7 的制定不是要取代 MPEG-1、MPEG-2、MPEG-4，而是要为这些标准补充新的功能，MPEG-1、MPEG-2、MPEG-4 提供了音、视频信息的内容，而 MPEG-7 提供对这些内容的描述[30]。

MPEG-7 的应用范围很广泛，既可应用于存储（在线或离线），也可用于流式应用（如广播、将模型加入 Internet 等）。它可以在实时或非实时环境下应用。实时环境指的是当信息被俘获时是与所描述的内容相联系的。MPEG-7 的一些应用举例如下。

- 数字图书馆（图像目录、音乐字典等）
- 多媒体名录服务（网页）
- 广播媒体选择（无线电信道、TV 信道等）
- 多媒体编辑（个人电子新闻业务、媒体写作）

另外，MPEG-7 在教育、新闻、导游信息、娱乐、研究业务、地理信息系统、医学、购物、建筑等各方面均有较深的应用潜力。

（5）MPEG-21 压缩标准

MPEG-21 标准的正式名称为"多媒体框架"或者"数字视听框架"，它致力于为多媒体传输和使用定义一个标准化的、可互操作的和高度自动化的开放框架，这个框架考虑了数字版权管理（Digital Rights Management, DRM）的要求、对象化的多媒体接入以及使用不同的网络和终端进行传输等问题，这种框架还会在一种互操作的模式下为用户提供更丰富的信息[31]。MPEG-21 标准其实是一些关键技术的集成，通过这种集成环境对全球数字媒体资源进行透明和增强管理，实现内容描述、创建、发布、使用、识别、收费管理、版权保护、用户隐私权保护、终端和网络资源获取及事件报告等功能。MPEG-21 标准是新一代多媒体内容描述标准，它吸收新技术，同时消除多媒体系统框架中的缺陷，使由于不同的设备、体系结构和标准造成的隔阂被逐步消除。对于用户而言，新的多媒体系统是一个与设备无关、互动性强大、高度智能化、符合用户各种不同需要的体系[32-33]。

5.4.2　H 系列标准

H 系列标准是由国际电报电话咨询委员会（International Telegraph and Telephone Consultative Committee，旧简称为：CCITT，新简称为 ITU-T）制定的，包括 H.261、H.263、H.264，主要应用于实时视频通信领域，如视频会议。MPEG 系列标准是由 ISO/IEC 制定的，主要应用于视频存储（如 DVD）、广播电视、因特网或无线网上的流媒体等。两个组织也共同制定了一些标准，H.262 等同于 MPEG-2 的视频编码标准，而 H.264 则被纳入 MPEG-4 的第 10 部分[34]。

（1）H.261

H.261 是一个用于视频会议的压缩标准，也是一个最早的视频压缩标准。该标准由 ITU-T 于 1990 年提出，其码率为 $64p$ kbit/s，p 为 1～30 的可变参数，其设计目的为能够在带宽为 64 kbit/s 的 ISDN 上传输质量可接受的视频信号。H.261 包括双向预测编码，运动估计只精确到整像素。

（2）H.263

H.263 是一个用于可视电话的压缩标准。近年来，视觉通信越来越为大众所需，为了实现这个目标，就需要把视觉图像序列压缩到非常低的码率，如 9.6 kbit/s，使之能在 PSTN 或移动信道上传输。为此，一系列的标准相继出台，而 H.263 是第一个甚低比特率视频压缩标准，能够在 9.6 kbit/s 的窄带信道上传送视音频信息。H.263 的压缩原理与 H.261 类似，但增强了部分内容，其中最主要的增强是 PB 帧。PB 帧中的宏块编码既可以采用前向预测，也可以采用后向预测。另外，运动估计的矢量场分辨率为 8×8 子块，运动估计精度为半像素，采用重叠运动补偿。

5.4.3　MPEG 压缩算法简介

视频编码是通过去除图像的空间与时间相关性来达到压缩的目的：空间相关性通过有效变换去除，如 DCT 变换、H.264 的整数变换；时间相关性则通过帧间预测去除。

为了减少时间冗余量，MPEG 将时间间隔为 $\dfrac{1}{30}$ s 的帧序列电视图像，以 3 种类型的图像格式表示：内码帧（I）、预测帧（P）和插补帧（B）。另有第四种类型帧是 D 帧，它是一种专用帧格式，仅用于实现快速查询。

① I 帧，又称为内码帧，是完整的独立编码的图像，是不能由其他帧构造的帧，必须存储或传输。采用 JPEG 方式编码。

② P 帧，又称为预测帧，通过对它之前的 I 帧进行预测，对预测误差有条件地存储和传输。

③ B 帧，又称为双向帧或插补帧，根据其前后的 I 帧或者 P 帧的信息进行插值编码而获

得。该过程也称为双向插值。

在进行帧间预测和插补的过程中，采用运动补偿预测法和运动补偿插补法。运动补偿预测法根据画面上的运动部分在帧与帧之间必然有连续性这一特性，将当前的图像画面看作前面某时刻图像的位移，位移的幅度和方向在图像画面的各处可有不同。运动补偿插补法是用插补的方法进行运动的补偿，可以大幅度压缩运动图像的信息。

MPEG 视频信息的帧内图和预测图都有很高的空间域冗余度，可采用 DCT 减少这方面冗余。I 帧采用 JPEG 编码方法；P 帧和 B 帧寻找最匹配的宏块 Macroblock，计算运动矢量和误差，对误差进行 DCT 变换、量化、RLE、Huffman 编码。在 JPEG 压缩算法中，针对静止图像对 DCT 系数采用等宽量化。MPEG 中的视频信号包含静止画面（帧内图）和运动信息（帧间预测图）等不同的内容，量化器的设计需特殊考虑。

MPEG 压缩算法的主要步骤如算法 5.1 所示[35]，主要用于 MPEG-1 和 MPEG-2。

算法 5.1　MPEG 压缩算法

输入　数字视频帧序列。

输出　压缩后的序列

（1）将视频帧序列分为图像组，定义 I 帧、P 帧和 B 帧

（2）将每一帧划分为宏块

（3）定义 I 帧（帧内，使用 JPEG 进行空间压缩）、P 帧（前向预测帧，根据之前的 I 帧或 P 帧在时间上进行压缩）和 B 帧（双向帧，根据之前和之后的 I 帧或 P 帧在时间上进行压缩）

（4）对于每个 P 帧和 B 帧，将它与相邻的 I 帧和 P 帧进行比较，得到一个运动矢量（或多个运动矢量）

（5）记录 P 帧和 B 帧的差（实际值与根据运动补偿得到的预测值之间的差）

（6）对于所有帧，使用 JPEG 方法压缩

（7）使用 DCT 变换把数据转换到频域

（8）Z 字形排列

（9）量化

（10）应用熵编码（如 Huffman 编码）

5.5　电视图像的数字化

5.5.1　电视图像数字化方式

大多数情况下，数字电视系统都希望用彩色分量来表示图像数据，如用 YC_BC_R、YUV、YIQ 或 RGB 彩色分量。因此，电视图像数字化常用"分量初始化"这个术语，它表示对彩色空间的每一个分量进行初始化。电视图像数字化常用的方法有两种[36]。

（1）先数字化再分离——复合编码方式

先用一个高速的 A/D 转换器对彩色全电视信号进行数字化，然后在数字域中进行分离，以获得所希望的 YC_BC_R、YUV、YIQ 或 RGB 分量数据。

（2）先分离再数字化——分量编码方式

先把模拟的全彩色电视信号分离成 YC_BC_R、YUV、YIQ 或 RGB 彩色空间中的分量信号，然后用 3 个 A/D 转换器分别对它们进行数字化。

5.5.2 分量编码的采样方式

在讨论分量编码时，首先要介绍编码的采样结构。采样结构是指采样点在画面上相对于空间和时间的分布规律。分量编码采用固定正交采样结构，即采样点位置在垂直方向上逐行、逐场对齐，排成一列列直线的采样结构，如图 5.8 所示。

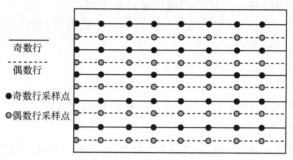

图 5.8　固定正交采样结构

分量编码的采样方式是对图像进行子采样，也就是对色差信号使用的采样频率比对亮度信号使用的采样频率低的采样方式。图像子采样如图 5.9 所示，具体说明如下。

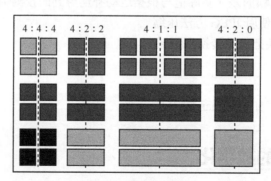

图 5.9　图像子采样

① 4∶4∶4（不是子采样格式）

在每条扫描线上，每 4 个连续的采样点取 4 个 Y 样本、4 个 C_R 样本和 4 个 C_B 样本，平均每个像素用 3 个样本表示。

②4∶2∶2

在每条扫描线上，每 4 个连续的采样点取 4 个 Y 样本、2 个 C_R 样本和 2 个 C_B 样本，平均每个像素用 2 个样本表示。

③4∶1∶1

在每条扫描线上，每 4 个连续的采样点取 4 个 Y 样本、一个 C_R 样本和一个 C_B 样本，平均每个像素用 1.5 个样本表示。

④ 4：2：0

在水平和垂直方向上，每 2 个连续的采样点取 2 个 Y 样本、一个 C_R 样本和一个 C_B 样本，平均每个像素用 1.5 个样本表示。

视频数据量计算示例如下。假设一帧图像的分辨率为 640 像素×480 像素，采样格式为 4：2：0，量化位数为 8 bit，帧频为 25 帧/秒，如果不对视频图像进行压缩处理，时长为 1 s 的视频所需的存储空间为 $\frac{640\times480\times8\times25\times1.5}{8\times1\,024\times1\,024}\approx10.986$，单位为 MB。

5.5.3　数字化标准

早在 20 世纪 80 年代初，国际无线电咨询委员会（CCIR）就制定了彩色电视图像数字化标准，称为 CCIR 601 标准，现改为 ITU-R BT.601 标准。该标准规定了彩色电视图像转换成数字图像时使用的采样频率，以及 RGB 和 YC_BC_R 两个彩色空间之间的转换关系等。

（1）彩色空间之间的转换

在数字域中，RGB 和 YC_BC_R 两个彩色空间之间的转换关系为[37]
$$Y = 0.299R + 0.587G + 0.114B$$
$$C_B = -0.169R - 0.331G + 0.500B$$
$$C_R = 0.500R - 0.419G - 0.081B$$

（2）采样频率

CCIR 为 NTSC 制、PAL 制和 SECAM 制规定了共同的电视图像采样频率。这个采样频率也用于远程图像通信网络中的电视图像信号采样，如 ISDN、视频会议、CCITT-H.261 及光纤通信等。

对 PAL 制、SECAM 制，采样频率 $f_s = 625\times25N = 15625N = 13.5\,\text{MHz}$，其中，每一扫描行上的采样数目 $N=864$。

对 NTSC 制，采样频率为 $f_s = 525\times29.97N = 15734N = 13.5\,\text{MHz}$，其中，每一扫描行上的采样数目 $N=858$。

（3）有效显示分辨率

对 PAL 制和 SECAM 制的亮度信号，每一条扫描行采样 864 个样本，对 NTSC 制的亮度信号，每一条扫描行采样 858 个样本。对所有的制式，每一扫描行的有效样本数均为 720 个。

（4）ITU-R BT.601 标准摘要

为了便于电视信号交换，需消除数字设备之间的制式差别，使 625 行电视系统与 525 行电视系统互相兼容。1982 年 2 月，CCIR 第 15 次全会上通过了 601 号建议，确定以分量编码，即以亮度分量 Y 和两个色差分量 R−Y、B−Y 为基础进行编码，作为电视演播室数字编码的国际标准。BT.601 标准采用的行数与 NTSC 制和 PAL 制的行数相同，并且对行进行采样。NTSC 制模拟视频有 525 行，其中 480 行显示实际图像；PAL 制模拟视频有 625 行，其中 576 行显示实际图像[35]。该标准规定如下。

① 不管是 PAL 制，还是 NTSC 制电视，Y、R−Y、B−Y 三分量的采样频率分别为 13.5 MHz、6.75 MHz、6.75 MHz。

② 采样后采用线性量化，每个样点的量化比特数用于演播室为 10 bit，用于传输为 8 bit。

③ Y、$R-Y$、$B-Y$ 三分量样点之间比例为 4∶2∶2。1983 年 9 月召开的 CCIR 中期会议上，又补充了以下内容。明确规定编码信号是经过 γ 预校正的 Y、$R-Y$、$B-Y$ 信号。量化级为 0 和 255 的码字专用于同步，量化级为 1～254 的码字用于视频信号。进一步明确了模拟与数字行的对应关系，并规定从数字有效行末尾至基准时间样点的间隔如下：对 525 行、60 场/秒制式来说为 16 个样点，对 625 行、50 场/秒制式则为 12 个样点，不论 625 行/50 场或 525 行/60 场，其数字有效行的亮度样点数都是 720，色差信号的样点数均是 360，这是为了便于制式转换。亮度样点数除以 2，就得到色差信号的数据。

（5）CIF、QCIF 和 SQCIF

为了兼容 625 行和 525 行的电视图像，CCITT 规定了共享中间格式（Common Intermediate Format，CIF）、1/4 共享中间格式（Quarter-CIF，QCIF）和 SQCIF（Sub-Quarter CIF）格式，CIF 具有如下特性。

① 电视图像的空间分辨率为家用录像系统（Video Home System，VHS）的分辨率，即 352 像素×288 像素。

② 使用非隔行扫描。

③ 使用 NTSC 制帧速率，电视图像的最大帧速率为 30 000÷1 001≈29.97 帧/秒。

④ 使用 $\frac{1}{2}$ 的 PAL 制水平分辨率，即 288 线。

⑤ 对亮度和两个色差信号（Y、C_B 和 C_R）分量分别进行编码。

5.6 视频及视频处理技术

视频最初是在电视系统中提出的。20 世纪 20 年代后期，以光电管及阴极射线管为核心技术的全电子电视系统问世后，才有真正意义上的视频，即黑白视频。在不考虑电视调制发射和接收等诸多环节，仅考虑和研究电视基带信号的摄取、改善、传输、记录、编辑、显示的技术称为视频技术。视频技术主要应用于广播电视的摄录编系统、安全及监控系统、视频通信和视频会议、远程教育、影像医学、影音娱乐和电子广告等领域。

视频是一组图像序列按时间顺序的连续展示。一幅幅图像快速地进行播放，产生运动感，因此视频也称为运动图像，视频结构如图 5.10 所示。

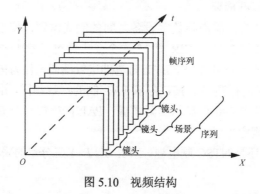

图 5.10 视频结构

模拟视频是一种用于传输图像和声音随时间连续变化的电信号。早期的视频都是采用模拟方式存储、处理和传输的。但模拟视频在复制、传输等方面存在不足，也不利于分类、检索和编辑。

数字视频是将模拟视频信号进行数字化处理后得到的视频信号。数字视频在存储、复制、编辑、检索和传输等方面有着模拟视频不可比拟的优势。

目前，视频文件格式可以分为适合本地播放的本地影像视频和适合在网络中播放的网络流媒体影像视频两大类。基于 TCP/IP 的 Internet 是多媒体数据传输的主要途径。然而，有限的网络带宽限制了视频数据的实时传输，解决问题的关键在于采用使图像帧内、帧间相关性趋近于零的有损压缩方式，同时以减小图像尺寸及每秒帧数（帧率）为代价，实现视频信息的实时传送和实时播放，由此，新型的流式视频格式应运而生。这种流式视频采用一种"边传边播"的方法，即先从服务器上下载一部分视频文件，形成视频流缓冲区后实时播放，同时继续下载，为接下来的播放做好准备。这种"边传边播"的方法避免了用户必须等待整个文件全部下载完毕才能观看的缺点。

5.6.1　数字视频的格式

常见的数字视频格式主要有以下几种。

（1）AVI 格式

AVI 是 Audio Video Interleaved 的缩写，即音频视频交错格式，是由 Microsoft 公司开发的一种数字音频与视频文件格式。AVI 格式于 1992 年被 Microsoft 公司推出，随 Windows3.1 一起被人们所认识和熟知。AVI 格式的文件扩展名为.avi，其特点如下：允许视频和音频交错在一起同步播放，支持 256 色和 RLE 压缩；没有限定压缩标准，不同压缩标准生成的 AVI 文件，必须使用相应的解压缩算法才能播放；图像质量好，一般用于保存电影、电视等各种影像信息，但视频数据量较大。

（2）MPEG 格式

MPEG 是 1988 年成立的一个专家组，其任务是制定有关运动图像和声音的压缩、解压缩处理以及编码表示的国际标准。它采用了有损压缩方法从而减少运动图像中的冗余信息。其基本方法是，在单位时间内采集并保存第一帧信息，然后只存储其余帧相对第一帧发生变化的部分，从而达到压缩的目的。

MPEG-1 标准对应的文件扩展名包括.mpg、.m1v、.mpe、.mpeg 及 VCD 光盘中的.dat 文件等。MPEG-2 标准对应的文件扩展名包括.mpg、.m2v、.mpe、.mpeg 及 DVD 光盘中的.vob 文件等，MPEG-2 标准对应的文件格式主要应用在 DVD、SVCD、HDTV（高清晰电视广播）等领域。MPEG-4 标准对应的文件扩展名包括.asf、.mp4、.mov 等。

（3）DivX 格式

DivX 格式是由 MPEG-4 衍生出的另一种视频编码（压缩）标准，采用了 MPEG-4 的压缩算法，综合了 MPEG-4 与 MP3 技术，即用 DivX 压缩技术对 DVD 光盘的视频进行高质量压缩，同时用 MP3 对音频进行压缩，然后将视频与音频合成并加上相应的字幕文件而形成的视频格式。其画质接近 DVD 储存的视频，而体积只有 DVD 光盘的几分之一，文件扩展名为.avi。

（4）RM 格式

RM（Real Media）格式，是 Real Networks 公司开发的一种新型流式视频文件格式，是视频流技术的创始，可以根据网络数据传输速率的不同制定不同的压缩比，实现在低速率的网络上进行影像数据实时传送和播放。用户使用 RealPlayer 或 RealOne Player 播放器可以在不下载音频/视频内容的条件下实现在线播放。

（5）RMVB 格式

RMVB 格式是由 RM 格式升级延伸出的新视频格式，是一种动态码率格式。它打破了RM 格式平均压缩采样的方式，对静止和动作场面少的画面场景采用较低的编码速率，对快速运动的画面场景采用较高的编码速率。这样在保证了静止画面质量的前提下，大幅提高了运动图像的画面质量，从在图像质量和文件大小之间达到平衡。

（6）MOV 格式

MOV 格式是美国苹果公司开发的一种视频格式，默认的播放器是苹果公司的 QuickTime Player。它具有较高的压缩比和较高的视频清晰度。其最大的特点是跨平台性，不仅能支持MacOS，同样也能支持 Windows 系统。

（7）ASF

高级串流格式（Advanced Streaming Format, ASF）是 Microsoft 为了和 RM 格式竞争而设计的一种网络流式视频文件格式，既适合在网络发布，也适合在本地播放。其文件扩展名为.asf。

（8）WMV 格式

WMV（Windows Media Video）格式是 Microsoft 推出的一种视频文件格式，是在 ASF的基础上升级而来的。在同等的视频质量下，WMV 格式的体积非常小，因此很适合在网上播放和传输。其文件扩展名为.wmv。

（9）3GP 格式

3GP 是由 3GPP（第三代合作伙伴项目）定义的一种流式视频格式，是为了配合 3G 网络的高速传输而设计的，是适用于手机播放的一种视频格式。该格式使用 MPEG-4 或 H.263 对视频流进行编码，使用 AMR-NB 或 AAC-LC 对音频流编码。其文件扩展名为.3gp。

（10）FLV 格式

FLV（Flash Video）格式是 Macromedia 公司（已与 Adobe 公司合并）开发的流式视频文件格式。该格式不仅可以轻松地导入 Flash，还可以通过 RTMP（Real Time Message Protocol）在 Flashcom 服务器上流式播放。部分视频网站使用这种格式发布在线视频。其文件扩展名为.flv。

（11）DV 格式

数字视频（Digital Video, DV）格式是由索尼、松下、JVC 等多家厂商联合提出的一种家用数字视频格式，数码摄像机就是使用这种格式记录视频数据的。其文件扩展名一般为.avi，所以也叫 DV-AVI 格式。

5.6.2 数字视频关键帧提取技术

视频由许多的帧组成，视频数据流中 t 时刻的图像帧和 $t+1$ 时刻的图像帧在视觉特征和内容上差别不大。从存在冗余的图像帧提取"关键图像帧"，并使用这些关键图像帧表示视频会更加简洁，这是在视频内容分析中提取视频关键帧的原因之一。通过对视频进行关键帧提取可以减少视频帧间存在的大量冗余信息内容，更凝练地表达一段视频中包含的信息，便于对视频内容建立索引、管理，提取视频特征信息以推广到更多的应用中。常用的关键帧抽取方法如下。

（1）基于采样的方法

基于采样方法的基本思想是随机抽取几帧作为关键帧，或者按照规定间隔抽取关键帧，或者规定每个镜头提取的帧数并等间隔抽取关键帧。这种方法能较简单快速地得到关键帧，但不能有效表达视频的内容。当镜头很短时可能只能抽取到一个关键帧，从而导致一些重要信息丢失；而对于一些比较长的镜头片断，可能会有很多相似的关键帧被提取出来，不能实现关键帧提取的目的。

（2）基于镜头边界法

基于镜头边界法的基本思想是将切分得到的镜头中的第一幅图像和最后一幅图像作为镜头关键帧。因为通常在一组镜头中，相邻图像帧之间的特征变化很少，整个镜头中图像帧的特征变换也应该不大，所以选择镜头第一帧和最后一帧来表达镜头内容。这种方法不适合具有复杂内容的视频，并且限制了镜头关键帧的个数。使长短不同和内容不同的视频镜头有相同个数关键帧本身是不太合理的，而且实际情况中首帧或尾帧往往并非关键帧，不能精确地代表镜头信息。

（3）基于颜色特征法

基于颜色特征法的基本思想是将镜头当前帧与最后一个判断为关键帧的图像进行比较，如有较多特征发生改变，则当前帧为新的关键帧。通常会把颜色特征用于比较，在实际中，可以将视频镜头第一帧作为关键帧，然后比较后面视频帧图像与关键帧的图像特征是否发生了较大变化，逐渐得到后续关键帧。按照这个方法，对于不同的视频镜头，可以提取数目不同的关键帧，而且每个帧之间的颜色差别较大。但该方法对摄像机的运动（如摄像机镜头拉伸造成焦距的变化及摄像机镜头平移的转变）很不敏感，无法量化运动信息的变化，造成关键帧提取不稳健；对于颜色特征，还会受到光亮变化、烟雾、特技制作效果等各种复杂情况的影响。

除了上述方法，还有基于运动分析的提取方法、基于聚类的提取方法、基于深度学习网络的方法等。

下面以一个基于颜色特征的视频镜头边界检测方法为例进行介绍，主要步骤如下。

步骤 1　把视频图像帧转换为灰度图像。对视频帧进行颜色模型的转换，示例中采用 HSI 颜色模型进行转换，然后提取其中的 I 通道。

步骤 2　对 I 通道进行颜色直方图的特征表示。

步骤 3　遍历视频每一帧图像，计算前后相邻两帧的绝对均值差（Absolute Mean Difference，AMD）或均方差（Mean Square Difference，MSD），并取阈值 T。如果 AMD_i 或 MSD_i 大于阈值 T，则认为这两帧之间的颜色特征有较大差别，可初步判定为镜头切换的前后两帧。

$$AMD = \frac{1}{m}\sum_{k=0}^{m-1}\left|I_{HSI_i}(k) - I_{HSI_{i-1}}(k)\right|$$

$$MSD = \frac{1}{m}\sum_{k=0}^{m-1}\left(I_{HSI_i}(k) - I_{HSI_{i-1}}(k)\right)^2$$

上述检测过程的伪代码如下。

（1）$i \leftarrow 1$

（2）histogram $\leftarrow$ 获取 I_i 的 I_{HSI_i}，I_{HSI_i} 的直方图信息

（3）while (frame$_i$)

（4）　　histogram$_i \leftarrow$ 获取 I_i 的 I_{HSI_i}，I_{HSI_i} 的直方图信息

（5）　　AMD$_i$ 或 MSD$_i \leftarrow$ 计算 histogram$_i$ 和 histogram 的 AMD 或 MSD

（6）　　if (AMD$_i$ 或 MSD$_i > T$) then

（7）　　　frame$_i$ is the beginning of another shot

（8）　　end if

（9）　　　　histogram $\leftarrow$ histogram$_i$

（10）　$i \leftarrow i+1$

（11）end while

以上视频镜头的检测方法理解和实现简单，但是存在两个较大的问题。①T 的取值不好确定。如果 T 的取值较大，可能忽略存在镜头切换的帧；如果 T 的取值较小，可能把同一个镜头的帧判定为镜头切换。②如果镜头中存在摄像机快速移动、光亮度突变、烟雾等的突然出现，可能导致大量镜头切换的误检。

5.6.3　数字视频运动目标检测与跟踪

视频运动目标检测与跟踪具有很强的实用价值，主要应用在视频图像压缩、智能交通、人机交互、机器人导航、医学图像分析、工业检测、智能视频监控等领域。例如，智能交通系统是目前世界各国交通运输领域研究和开发的热点，车辆的实时检测与跟踪技术是智能交通系统的重要技术之一，计算机在不需要人为干预或者只需要很少人为干预的情况下，通过对摄像机拍录的视频序列进行分析，实现车辆检测与跟踪，并在此基础上分析和判断车辆的行为，对车辆的行为给出语义描述，在发生异常情况时及时做出反应，从而提供了一种更加先进和可行的监控方案。目标跟踪技术在近年的无人驾驶领域上也有着广泛的应用，通过无人驾驶车辆的传感器实时捕捉周边车辆的行驶视频序列，对序列进行车辆检测和跟踪，预估车辆的行驶轨迹，实时合理选择安全行进路线。

目标跟踪是指利用某一帧中目标图像的信息，在后续视频图像序列中对目标信息内容持续跟踪，获得运动目标的运动参数，如位置、尺寸、速度和运动轨迹等，从而进行下一步的处理和分析，实现对运动目标的行为理解，以完成更高一级的检测任务。根据跟踪的目标对象个数可以分为多目标跟踪和单目标跟踪。多目标跟踪的跟踪目标为两个或两个以上，其跟踪方法主要基于目标检测，对检测出的多个目标分别在后续视频帧或图像序列中通过最大匹配算法或卡尔曼滤波模型等方法生成跟踪器，对目标的位置、尺寸以及运动轨迹进行跟踪；单目标跟踪的跟踪目标只有一个，在视频（或连续图像序列）的某一帧中得到要跟踪目标的初始状态，如目标位置、尺寸大小等信息，然后在剩余的视频序列帧中通过相关滤波在线生成和更新滤波器，或通过离线训练的深度学习方法寻找该目标所在的位置和大小。

目标跟踪的主要方法有帧差法、光流法、背景相减法、基于相关滤波的目标跟踪方法、基于深度学习的目标跟踪等。

背景相减法的原理是，先建立一个无运动目标的背景图像，然后将当前图像的像素值与背景图像的像素值相减，通过设置一定的阈值分割运动目标。其优点是算法简单、实时性较高；缺点是对背景的依赖性较高。该方法比较适用于静态、简单的目标检测和跟踪场景。

随着深度学习的发展，基于深度学习的目标跟踪方法取得不断突破。2015 年，Nam 等[38]提出 MDNet，模型跟踪的平均精度达到了当时的领先水平，但深度学习计算量较大，实时性较差。同年，Held 等[39]提出了 GOTURN 模型，该模型提出的动机是改善基于深度学习的跟踪算法的实时性，采用离线训练模型，大大提升了模型的计算速度。但该模型对目标特征的表征能力不足，其精度和稳健性都较差。2016 年，Bertinetto 等[40]提出了基于孪生神经网络的 SiamFC 模型，其主体是 AlexNet[41]，并去掉了其中的填充层和全连接层，加入了 Batch Norm 层，整体结构是一个全卷积网络层。2018 年和 2019 年，由商汤科技智能团队分别提出了 SiamRPN 模型[42]、SiamRPN++模型[43]、SiamMask 模型[44]以改进性能。2019 年，Danelljan 等[45]提出了 ATOM（Accurate Tracking by Overlap Maximization）模型，Bhat 等[46]提出了 DiMP（Discriminative Model Prediction）。

以下展示 MeanShift 和基于预测技术改进的 MeanShift 目标跟踪算法的跟踪效果，其中设置了四组实验，实验中的视频是根据视频跟踪要求，模拟实验环境拍摄的。

实验一　部分遮挡情况下进行目标跟踪

本实验目的是在部分遮挡的条件下对两种目标跟踪算法的跟踪效果进行对比。图 5.11 是 MeanShift 算法在部分遮挡目标时的跟踪效果，图 5.12 是基于灰色模型（Gray Model, GM）[47]改进的 MeanShift（GM MeanShift, GMMS）算法在相同条件下的目标跟踪效果。

图 5.11　MeanShift 算法部分遮挡目标跟踪效果

图 5.12　GMMS 算法部分遮挡目标跟踪效果

实验二　在复杂背景下进行目标跟踪

本实验目的是验证在相同复杂的背景下使用两种算法分别对目标物体进行跟踪，并对两种算法的跟踪效果进行对比。图 5.13 是 MeanShift 算法在复杂背景下的目标跟踪效果，图 5.14 是 GMMS 算法在相同条件下的目标跟踪效果。

图 5.13　MeanShift 算法在复杂背景下的目标跟踪效果

图 5.14　GMMS 算法在复杂背景下的目标跟踪效果

实验三　在运动轨迹变化的情况下进行目标跟踪

本实验目的是对两种算法运动轨迹变化时的跟踪效果进行对比。图 5.15 是 GMMS 算法运动轨迹变化时的目标跟踪效果，图 5.16 是自适应权重的 GMMS（Weight GMMS, WGMS）算法在相同条件下的目标跟踪效果。

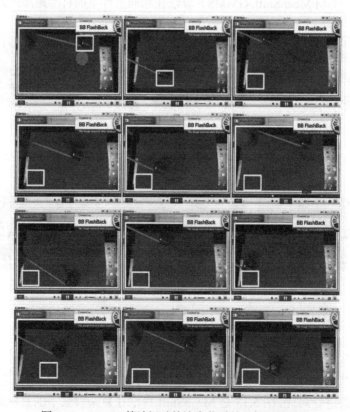

图 5.15　GMMS 算法运动轨迹变化时的目标跟踪效果

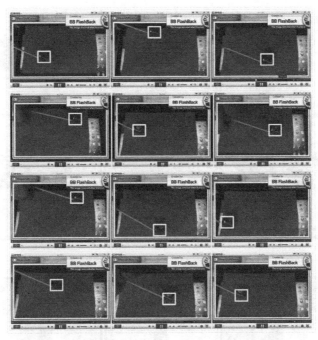

图 5.16　WGMS 算法运动轨迹变化时的目标跟踪效果

实验四　目标完全被遮挡的视频跟踪

本实验目的是在完全遮挡的条件下对两种算法的跟踪效果进行对比。图 5.17 展示了 GMMS 视频跟踪算法在目标完全被遮挡时的目标跟踪效果，图 5.18 是 WGMS 算法在相同条件下的目标跟踪效果。

图 5.17　GMMS 算法目标完全被遮挡时的目标跟踪效果

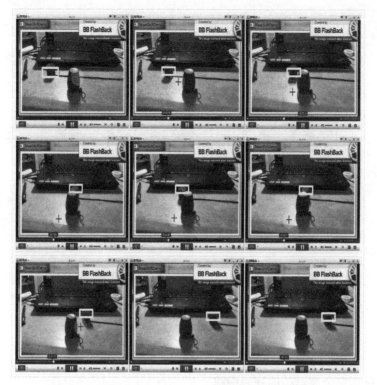

图 5.18　WGMS 算法目标完全被遮挡时的目标跟踪效果

目前，目标跟踪关键技术的研究由于跟踪目标的多样性、跟踪环境的复杂性和应用需求的多样性等原因，仍然面临着巨大的挑战，主要困难在于光照变化、尺寸变化、目标被遮挡、目标存在形变、目标的快速运动、运动模糊、平面内旋转、平面外旋转、目标运动到视野之外、运动目标阴影、相似物干扰、背景物运动干扰以及摄像机运动等干扰因素。

5.7　视频编辑及软件应用

在生活和工作中，时常需要对已有的视频进行编辑。本节以 Premiere Pro 视频编辑软件为例介绍视频编辑技术。Premiere Pro 是 Adobe 公司推出的一款基于非线性编辑的音频、视频编辑软件，被广泛应用于电影、电视、多媒体、网络视频、动画设计以及家庭 DV 等领域的后期制作中。

5.7.1　Premiere Pro 工作界面

Premiere Pro（下文简称 Premiere）的工作界面由 3 个窗口（项目窗口、监视器窗口、时间线窗口）、多个控制面板（媒体浏览、信息面板、历史面板、效果面板、特效控制台面板、调音台面板等）以及主声道电平显示、工具箱和菜单栏组成，如图 5.19 所示。

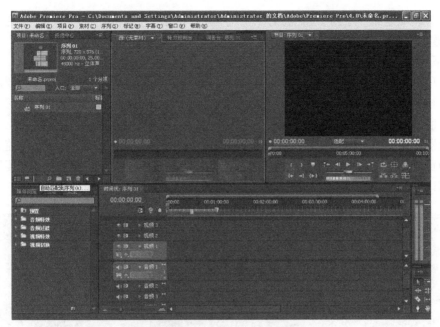

图 5.19　Premiere 的工作界面

（1）项目窗口

项目窗口主要用于导入、存储和管理素材。编辑影片所用的全部素材应事先存储于项目窗口里，供调出使用。项目窗口的素材可以用列表和图标两种视图方式来显示，包括素材的缩略图、名称、格式、出入点等信息；也可以为素材分类、重命名或新建一些类型的素材。导入、新建素材后，所有的素材都存储在项目窗口里，用户可以随时查看和调用项目窗口中的所有文件（素材）。在项目窗口双击某一素材可以打开素材监视器窗口。

项目窗口按照不同的功能可以分为几个功能区。

① 预览区

项目窗口的上部分是预览区。在素材区单击某一素材文件，就会在预览区显示该素材的缩略图和相关的文字信息。对于影片、视频素材，选中后按下预览区左侧的"播放/停止切换"（▶）按钮，可以预览该素材的内容。当播放到该素材有代表性的画面时，按下播放按钮上方的"标识帧"按钮，便可将该画面作为该素材缩略图，便于用户识别和查找。

此外，还有"查找"和"入口"两个工具，用于查找素材区中某一素材。

② 素材区

素材区位于项目窗口中间部分，主要用于排列当前编辑的项目文件中的所有素材，可以显示包括素材类别图标、素材名称、格式在内的相关信息。默认显示方式是列表方式，单击项目窗口下部的工具条中的"图标视图"按钮，素材将以缩略图方式显示；单击工具条中的"列表视图"按钮，可以返回列表方式显示。

③ 工具条

位于项目窗口最下方的工具条提供了一些常用的功能按钮，如素材区的"列表视图"和"图标视图"显示方式图标按钮，还有"自动匹配到序列…""查找…""新建文件夹""新建分项"和"清除"等图标按钮。单击"新建分项"图标按钮，会弹出快捷菜单，用户可以在素材区中快速新建如"序列""脱机文件""字幕""彩条""黑场""彩色蒙版""通用倒计时片头""透明视频"等类型的素材。

④ 下拉菜单

单击项目窗口右上角的小三角（▼）按钮，会弹出快捷菜单。该菜单命令主要用于对项目窗口素材进行管理，其中包括工具条中相关按钮的功能。

（2）监视器窗口

监视器窗口分左右两个视窗（监视器），如图 5.20 所示。图 5.20(a)是素材源监视器，主要用于预览或剪裁项目窗口中选中的某一原始素材。图 5.20(b)是节目监视器，主要用于预览时间线窗口序列中已经编辑的素材（影片），也是最终输出视频效果的预览窗口。

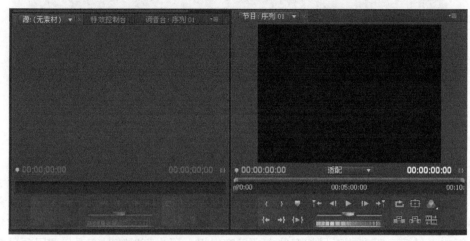

(a) 素材源监视器　　　　　　　　　　(b) 节目监视器

图 5.20　监视器窗口

① 素材源监视器

素材源监视器的上部分是素材名称。按下右上角三角按钮，会弹出快捷菜单，包括关于素材窗口的所有设置，可以根据项目的不同要求以及编辑的需求对素材源窗口进行模式选择。

中间部分是监视器。可以在项目窗口或时间线窗口中双击某个素材，也可以将项目窗口中的某个视窗直接拖至素材源监视器中将它打开。监视器的下方分别是素材时间编辑滑块位置时间码、窗口比例选择、素材总长度时间码显示，以及时间标尺、时间标尺缩放器及时间编辑滑块。

窗口底部是素材源监视器的控制器及功能按钮。其左边有"设置入点"（{）、"设置出点"（}）、"设置未编号标记"、"跳转到入点"（{←）、"跳到转出点"（→}）、"播放入点到出点"（{▶}）按钮；右边有"循环"、"安全框"、"输出"（包括下拉菜单）、"插入"、"覆盖"按钮；中间有"跳转到前一标记""步退"、"播放（或停止）"、"步进"、"跳转到下一标记"按钮，还有"飞梭"（快速搜索）和"微调"工具。

②节目监视器

节目监视器很多地方与素材监视器相类似或相近。节目监视器用来预览时间线窗口选中的序列，为其设置标记或指定入点和出点以确定添加或删除的部分帧。右下方还有"提升"

"提取"按钮，用来删除序列选中的部分。

（3）时间线窗口

时间线窗口是以轨道的方式实施视频音频组接编辑素材的窗口，用户的编辑工作都需要在时间线窗口中完成，如图 5.21 所示。素材片段按照播放时间的先后顺序及合成的先后层顺序在时间线上从左至右、由上及下排列在各自的轨道上，可以使用各种编辑工具对这些素材进行编辑操作。时间线窗口分为上下两个区域，上方为时间显示区，下方为轨道区。

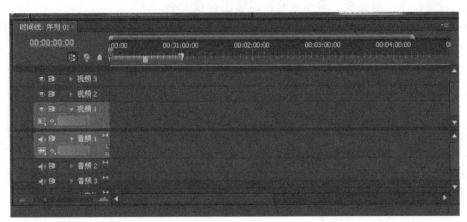

图 5.21　时间线窗口

① 时间显示区

时间显示区域是时间线窗口工作的基准，承担指示时间的任务。它包括时间标尺、时间编辑线滑块及工作区域。左上方的时间码显示时间编辑线滑块所处的位置。单击时间码，可以输入时间，使时间编辑线滑块自动停到指定的时间位置。也可以在时间栏中按住鼠标左键并水平拖动鼠标来改变时间，确定时间编辑线滑块的位置。

时间码下方有"吸附"图标按钮（默认被激活），在时间线窗口轨道中移动素材片段的时候，可使素材片段边缘自动吸引对齐。此外还有"设置 Encore 章节标记"和"设置未编号标记"图标按钮。

时间标尺用于显示序列的时间，其时间单位以项目设置中的时基设置（一般为时间码）为准。时间标尺上的编辑线用于定义序列的时间，拖动时间线滑块可以在节目监视器窗口中浏览影片内容。时间标尺上方的标尺缩放条工具和窗口下方的缩放滑块工具效果相同，都可以控制标尺精度，改变时间单位。标尺下是工作区控制条，它确定了序列的工作区域，在预演和渲染影片的时候，一般都要指定工作区域，控制影片输出范围。

② 轨道区

轨道是用来放置和编辑视频、音频素材的地方。用户可以对现有的轨道进行添加和删除操作，还可以将它们任意的锁定、隐藏、扩展和收缩。

轨道的左侧是轨道控制面板，里面的按钮可以对轨道进行相关的控制设置。按钮包括"切换轨道输出""切换同步锁定""设置显示样式（及下拉菜单）""显示关键帧（及下拉菜单）"，以及"到前一关键帧"和"到后一关键帧"按钮。轨道区右侧上半部分是 3 条视频轨，下半部分是 3 条音频轨。在轨道上可以放置视频、音频等素材片段。在轨道的空白处单击鼠标右键，弹出的菜单中可以选择"添加轨道…""删除轨道…"命令来实现轨道的增减。

除了以上窗口外，Premiere 还有以下几种面板。工具箱，是视频与音频编辑工作的重要编辑工具，可以完成许多特殊编辑操作；信息面板，用于显示在项目窗口中所选中素材的相关信息，包括素材名称、类型、大小、开始点及结束点等信息；媒体浏览面板，可以查找或浏览用户电脑中各磁盘的文件；效果面板，存储 Premiere 自带的各种音频、视频特效和视频切换效果，以及预置的效果；特效控制台面板，进行相应的参数设置和添加关键帧；调音台面板，主要用于完成对音频素材的各种加工和处理工作，如混合音频轨道、调整各声道音量平衡或录音等；主声道面板，显示混合声道输出音量大小。

Premiere 中还提供了"文件""编辑""项目""素材""序列""标记""字幕""窗口"等菜单。所有操作命令都包含在这些菜单和其子菜单中。

5.7.2 视频编辑制作流程

用非线性编辑软件制作视频，一般需要这样几个步骤。首先创建一个"项目文件"，对素材进行采集，存入电脑；然后将素材导入项目窗口中，通过剪辑并在时间线窗口中进行装配、组接素材，还要为素材添加特技、字幕，再添加解说、音乐、音效；最后把所有编辑（装配）好的素材合成影片，导出文件（输出）。这个过程就是视频制作流程。

（1）新建项目设置项目参数

创建项目是编辑制作影片的第一步，用户应该按照影片的制作需求，配置项目设置以便编辑工作顺利进行，包括项目参数、序列参数设置，如视频格式、视频标准、保存路径和名称等信息。

（2）采集素材

用非线性编辑软件制作视频时，首先需要把视频素材转化为电脑可以识别的数字信号并存储在硬盘中，这一过程称为素材采集。素材采集前，要确定采集的素材源、素材采集的路径以及压缩比，然后在非线性编辑系统中进行相应的设置，并将录像机的视频、音频输出与非线性编辑工作站（计算机）采集卡上相应的视频、音频输入用专用线连接好，保证信号畅通。有条件时，还要接好视频监视器和监听音箱，便于对编辑过程的监视和监听。

（3）导入素材

Premiere 不仅可以通过采集的方式获取拍摄的素材，还可以通过导入的方式获取电脑硬盘里的素材文件。这些素材文件包括多种格式的图片、音频、视频、动画序列等。

执行"文件/导入…"命令，在弹出的"导入"对话框中，选择电脑硬盘中编辑所需要的素材文件，按"打开"按钮后，就可以在 Premiere 项目窗口中看到需要的素材文件。

（4）编辑/组接素材

编辑素材是按照影片播放的内容，将项目窗口中的素材片段组接起来。

① 打开素材源监视器窗口

双击项目窗口下的某个素材图标，该素材第一帧图像就会出现在监视器窗口左侧的素材源监视器窗口中，并标明该素材的长度（时：分：秒：帧）。在项目窗口双击某个素材图标，也可以打开素材源监视器窗口。

② 选择画面（给素材打入、出点）

选择画面有以下几种方法。

　　a．单击素材源监视器下的"播放/停止切换"（▶）键，播放该素材，对影片需要用到的画面，按"设置入点"（{）键（或按 Ctrl+I 键），给素材设置入点；再按"播放/停止切换"（▶）键，继续播放素材，到影片需要用到的画面结束时，按"设置出点"（}）健（或按 Ctrl+O 键），给素材设置出点。素材入点、出点之间的内容就是影片所需要的画面。

　　b．直接在素材源监视器的时间标尺上单击鼠标左键（将鼠标直接放在时间标尺上可以显示素材的时：分：秒：帧时间），再单击"设置入点"键，来确定素材的入点；用同样的方法可以确定素材的出点。

　　c．用鼠标直接拖动时间标尺上的编辑线滑块后，单击"设置入点"键来确定素材的入点；用同样的方法，再单击"设置出点"键确定素材的出点。

　　③ 修改入、出点

　　如果要精确确定画面的入、出点，可以通过单击素材源监视器窗口右下侧的播放控制栏中的"步退""步进"和单击"设置入点""设置出点"，来进一步修改素材的入、出点。

　　④ 将素材添加至时间线窗口

　　在素材源监视器窗口中选择的素材片段最终要放入时间线窗口序列的轨道上。

　　在时间线窗口序列中，确定"视频 1"和"音频 1"轨道被选中（默认为选中状态），再将时间编辑线拖至需要安排素材的起始位置（默认为"00：00：00：00"时位置），单击素材源监视器窗口右下方的"覆盖"键，所选的入、出点之间的素材片段会自动添加到时间线窗口序列编辑线的右侧轨道里，同时时间编辑线会自动停靠在这段素材的最后一帧的位置。

　　⑤ 组接另一段素材

　　按照步骤①～④，选择新的素材入、出点，再单击素材源监视器窗口右下方的"覆盖"键，新选取的素材片段就会在时间线窗口中接在原先素材的后边，完成两个镜头间的组接。可以按照此方法在时间线窗口中组接更多的素材片段。

　　（5）使用视频切换

　　视频切换泛指影片镜头间的衔接方式（有的称视频过渡、视频转场），分为硬切和软切两种。硬切是指影片各片段之间首尾直接相接；软切是指在相邻片段间设置过渡方式。硬切和软切的使用要根据节目的需要来决定。使用视频切换必须在相邻的两个片段间进行。

　　视频切换有很多特技效果，在 Premiere 中的"效果"面板"视频切换"文件夹中，存储了系统自带的多种视频切换效果。用户可以选择某个视频切换效果，将其拖放到时间线窗口相邻的两个片段间释放，添加过渡效果，具体步骤如下。

　　① 单击"效果"选项卡，切换到"效果"面板，展开"视频切换"文件夹，再展开"叠化"子文件夹，显示该文件夹下的所有切换项目。

　　② 在"叠化"子文件夹中选择"交叉叠化（标准）"效果，然后按住鼠标左键，将其拖动到时间线窗口上的两素材片段的相邻处释放，在节目视窗中可以预览效果。

　　（6）添加视频特效

　　在 Premiere 中，可以使用视频特效对素材片段进行特效处理。例如，调整影片色调、进行抠像以及设置艺术化效果等。

　　在"效果"面板中展开"视频特效"文件夹，再展开"生成"子文件夹，选择"镜头光晕"效果，并按住鼠标左键，将其拖放到时间线窗口中某段素材片段上释放。单击特效控制台面板，在"镜头光晕"栏里，可以设置"光晕中心"的位置（画面 X、Y 轴坐标）和"光晕亮度"比例。选择"镜头类型",默认为"50-300…"(毫米变焦),还可以设置"与原始图像混合"的比例。在节目监视器窗口中可以预览效果。

（7）音频调整

轨道上音频素材的调整主要是为了调整音量大小及输出通道。

① 音频特效调整

在时间线窗口中,用鼠标右键单击音频轨道上的音频素材,再单击"效果"面板中的"音频特效"文件夹、"立体声"子文件夹,选择"EQ"特效。单击鼠标左键,将其拖放到音频素材上;在素材源监视器窗口上方打开"特效控制台"面板,展开音频特效 EQ,展开"自定义设置"项,为音频素材编辑特效。

② 调音台

调音台主要是对各轨道音频素材进行美化和调节音量大小。单击菜单栏中的"窗口/调音台"命令。同时弹出"调音台"面板,在该对话框中对素材进行高低音以及音量的调整。

（8）添加字幕

给影片添加字幕需要事先在字幕窗口设计字幕内容,然后在项目窗口将字幕素材拖入时间线窗口需要添加字幕视频轨道中。

执行"文件/新建/字幕…"命令,在弹出的"新建字幕"对话框中,"视频设置"项目组里为默认状态:即宽为 720 像素,高为 576 像素;时间基准为 25.00 帧/秒;像素纵横比为 D1/DV PAL（1.0940）。在"名称"栏里给字幕文件取名,按"确定"按钮,"字幕"设计面板被打开。默认"文字工具"图标按钮被选中,在字幕编辑区中单击,选择"字体",输入添加的字幕文字,然后用"选择工具"将文字拖放到字幕编辑区中央,在"字幕样式"区单击想要的某个文字样式风格方块,单击"关闭"按钮,退出"字幕"设计面板。最后,在项目窗口中把刚才制作的字幕文件拖放到时间线窗口的"视频 2"轨道上。

（9）视频输出

在时间线上制作完成影片后,需要将其整体合成输出,以视频文件格式保存在电脑里。若要输出视频文件,则在序列中拖动工作区域,使其覆盖输出影片。执行菜单命令"文件/导出/媒体…",弹出"导出设置"对话框。在"导出设置"项目组里,单击"格式"下拉菜单按钮。设置影片输出格式。单击"输出名称"栏里,弹出"另存为"对话框,设置输出影片文件保存的路径,为输出影片文件取名,单击"保存"按钮,关闭对话框。在"视频"页签里,设置"视频编码器""基本设置"和"高级设置"项目参数;在"音频"页签里,设置"音频编码""基本音频设置"项目参数。按"确定"按钮,弹出"正在导出数据"系统开始渲染合成影片。"预演"框自动消失后,文件即保存成功。

参考文献

[1]　梅长龄. 电影原理与制作[M]. 台北: 三民书局, 1978.

[2]　李彦君. 摄像机的工作原理与拍摄技巧[J]. 办公自动化, 2013, 18(4): 61-62.

[3]　曹玉. 浅析电视机发展史[J]. 内蒙古教育: 基教版, 2013(4): 46.

[4]　侯正信, 吕卫, 褚晶辉. 电视原理(第 7 版)[M]. 北京: 国防工业出版社, 2016.

[5]　杨建华. 数字电视原理及应用[M]. 北京: 北京航空航天大学出版社, 2006.

[6]　王成福. 电视机原理与维修(第 2 版)[M]. 北京: 机械工业出版社, 2008.

[7]　王卫东. 高频电子电路(第 2 版)[M]. 北京: 电子工业出版社, 2009.

[8]　刘清堂, 王忠华, 陈迪. 数字媒体技术导论[M]. 北京: 清华大学出版社, 2008.

[9]　梁晓宇. 浅谈电视扫描技术[J]. 日用电器, 2008(12): 51-53.

[10]　晓俞. 逐行扫描技术及其应用[J]. 家庭影院技术, 2001(1): 9-14.

[11]　顾明远. 教育大辞典: 增订合编本[M]. 上海: 上海教育出版社, 1998.

[12]　徐温和, 黄仕机. NTSC、PAL、SECMA 三种彩色电视制式的对比[J]. 电视技术, 1990(5): 47-52.

[13]　王卫东. 电视原理[M]. 重庆:重庆大学出版社, 2003.

[14]　裴昌辛, 刘乃安, 杜武林. 电视原理与现代电视系统[M]. 西安: 西安电子科技大学出版社, 1997.

[15]　冯跃跃. 电视原理与数字电视[M]. 北京: 北京理工大学出版社, 2008.

[16]　李怀甫. 彩色电视机原理与维修[M]. 北京: 人民邮电出版社, 2008.

[17]　何祖锡. 彩色电视机原理与维修(第 2 版)[M]. 北京: 电子工业出版社, 2008.

[18]　张杏英. 电视制式[J]. 电视技术, 1981(1): 75-76.

[19]　陈强. 数字电视的发展现状[J]. 现代传播, 2004, 26(4): 120-121.

[20]　张敏. 数字电视的概念及发展前景[J]. 金属世界, 2009(S1): 122-124.

[21]　《平板电视知识手册》编写组. 平板电视知识手册[M]. 上海: 上海科学技术出版社, 2009.

[22]　顾伟舟. 数字化电视原理与技术[M]. 西安: 西安电子科技大学出版社, 2011.

[23]　邢云. 数字电视系统组成及关键技术[J]. 西部广播电视, 2015(1): 146.

[24]　郁凤红, 汤锋. 数字电视的发展及其关键技术[J]. 有线电视技术, 2009, 16(3): 48-50, 53.

[25]　童建华, 杨国华, 丁帮俊. 数字电视技术[M]. 北京: 高等教育出版社, 2008.

[26]　张春芳, 刘崇建. 数字广播与电视技术及传输系统[M]. 北京: 中国广播电视出版社, 2001.

[27]　林小兵. 数字电视机顶盒的实现和运用[D]. 厦门: 厦门大学, 2008.

[28]　赵坚勇. 数字电视技术(第三版)[M]. 西安: 西安电子科技大学出版社, 2016.

[29]　赵坚勇. 应用电视技术(第二版)[M]. 西安: 西安电子科技大学出版社, 2013.

[30]　李斌, 李伦. MPEG-1～MPEG-7 的分析与评价[J]. 电视技术, 2001, 25(1): 16-21, 32.

[31]　蔡骏, 郑小川. 制定中的多媒体框架标准: MPEG-21[J]. 有线电视技术, 2002, 9(12): 8-11.

[32]　汤泽滢, 卢汉清. MPEG 的新发展: 多媒体框架标准 MPEG-21[J]. 中国图象图形学报, 2003, 8(9): 17-25.

[33]　李小苓, 张义忠. 多媒体框架标准 MPEG-21[J]. 电声技术, 2003, 27(4): 59-63.

[34]　刘向阳, 方芳. 新的视频压缩编码标准 H.264[J]. 广播电视信息, 2005(5): 58-60.

[35]　JENNIFER B. 数字媒体技术教程[M]. 王崇文, 李志强, 刘栋, 等译. 北京: 机械工业出版社. 2015.

[36]　刘冉.电视技术[M]. 北京: 机械工业出版社, 2011.

[37]　林福宗. 新媒体技术教程[M]. 北京: 清华大学出版社, 2009.

[38]　NAM H, HAN B. Learning multi-domain convolutional neural networks for visual tracking[C]//2016 IEEE Conference on Computer Vision and Pattern Recognition. Piscataway: IEEE Press, 2016: 4293-4302.

[39]　HELD D, THRUN S, SAVARESE S. Learning to track at 100 FPS with deep regression networks[C]//2016 European Conference on Computer Vision. Berlin: Springer, 2016: 749-765.

[40]　BERTINETTO L, VALMADRE J, HENRIQUES J F, et al. Fully-convolutional siamese networks for object tracking[C]//European Conference on Computer Vision. Berlin: Springer, 2016: 850-865.

[41]　KRIZHEVSKY A, SUTSKEVER I, HINTON G E. ImageNet classification with deep convolutional neural

networks[C]//Proceedings of the Conference and Workshop on Neural Information Processing Systems. Massachusetts: MIT Press, 2012: 1097-1105.

[42] LI B, YAN J, WU W, et al. High performance visual tracking with siamese region proposal network[C]// Proceedings of the IEEE Conference on Computer Vision and Pattern Recognition. Piscataway: IEEE Press, 2018: 8971-8980.

[43] ZHANG Z, PENG H. Deeper and wider siamese networks for real-time visual tracking[C]//Proceedings of the IEEE Conference on Computer Vision and Pattern Recognition. Piscataway: IEEE Press, 2019: 4591-4600.

[44] WANG Q, ZHANG L, BERTINETTO L, et al. Fast online object tracking and segmentation: a unifying approach[C]//Proceedings of the IEEE Conference on Computer Vision and Pattern Recognition. Piscataway: IEEE Press, 2019: 1328-1338.

[45] DANELLJAN M, BHAT G, KHAN F S, et al. ATOM: accurate tracking by overlap maximization[C]// Proceedings of the IEEE Conference on Computer Vision and Pattern Recognition. Piscataway: IEEE Press, 2019:4660-4669.

[46] BHAT G, DANELLJAN M, GOOL L V, et al. Learning discriminative model prediction for tracking[C]//2019 IEEE/CVF International Conference on Computer Vision. Piscataway: IEEE Press, 2019: 6181-6190.

[47] 邓聚龙. 灰色系统基本方法(第 2 版)[M]. 武汉: 华中科技大学出版社, 2005.

第6章

计算机动画技术

动画技术是使用一定速度放映一系列动作的前后关联的画面，使原本静止的图像成为活动影像的技术。播放速度有 3 种：电影为 24 帧/秒，PAL 制和 SECAM 制为 25 帧/秒，NTSC 制为 30 帧/秒。从制作技术的角度可将动画分为传统笔绘动画和计算机动画。本章主要介绍计算机动画。

6.1 计算机动画概述

6.1.1 计算机动画分类与示例

计算机动画是以计算机系统为硬件平台，以动画制作软件为操作界面，以计算机图像学为算法依据，由计算机生成并在屏幕上显示的二维动画或三维动画。计算机动画的发展与计算机图形学的发展紧密相关[1-2]。计算机在动画制作中主要在图形的产生、运动的产生、着色处理、拍片、后处理等环节起到重要作用。计算机动画制作可分为二维计算机动画制作和三维计算机动画制作。

二维计算机动画制作中，二维动画是通过设计人员绘制一个动作的起点和终点两个画面，辅助人员绘制中间画面，整理、描边、上色和拍摄合成完成的[3]。

三维计算机动画制作主要利用关键帧控制模型方法，即制作人员在关键帧设置模型动画，再通过计算机插值生成图像序列，最后渲染成片[4]。三维计算机动画相关的角色、场景、画面合成、配音、编辑、特技处理等均在计算机上完成。

计算机动画关键技术主要有造型技术、动画控制技术、渲染或绘制技术。

造型技术，也称为建模操作，是指使用数学模型、物理模型或算法来定义、显示和存储物体模型的方法或技术。造型技术可分为几何造型技术和过程造型技术。

造型之后，可以对物体和场景进行赋材质和贴图操作，还可以在场景中，根据具体效果要求添加灯光与摄像机。

动画控制技术（也称为动画效果设置操作），是软件操作者设置关键帧动画，通过计算机自动插值生成中间画，最后得到动画效果的技术，主要依据关键帧动画技术实现。

下面是通过 3DMax 软件进行关键帧动画设置的示例。图 6.1 为原图。图 6.2 中方框内有"自动"和"设置关键点"两个按钮，它们可以进行关键帧的设置。加号钥匙按钮代表设置当前关键点。首先，手动创建关键帧，单击"设置关键点"，这样关键帧就被激活了。激活以后，窗口周围被红色线框框住。在第 0 帧处，对茶壶的位置、大小进行调整，然后单击加号钥匙按钮，记录它当前的属性。将时间线拖到中间任意时刻，如第 25 帧，设置茶壶旋转效果，再在第 55 帧设置茶壶旋转效果复原，在第 75 和第 100 帧设置茶壶位置移动，在此过程中需要单击加号钥匙按钮，设置当前关键帧。拖动时间线或者单击"播放"按钮就可以看到随着时间线的移动，茶壶也在移动和变化。这就是一个简单的关键帧动画设置，如图 6.3 所示。

图 6.1　原图

图 6.2　关键帧的设置

图 6.3　关键帧动画设置

渲染或绘制技术（也称为渲染操作），通过扫描线算法、光线跟踪法和辐射度算法等对动画进行再操作。

6.1.2　计算机动画的发展和应用

用计算机表现真实对象和模拟对象随时间变化的行为和动作，称为计算机动画。Ivan Sutherland 用 TX-2 计算机进行研究，并于 1963 年发表论文《一种交互式计算机绘图程序》，开创了计算机图形领域的新天地[5]，由于这一重要成果，他被称为"计算机图形学之父"。

1964 年，美国科学家 Ken Knowlton 在贝尔实验室利用计算机图形技术和动画技术通过程序语言在计算机上生成了静止的数字化图像，然后通过拍摄编辑播放产生动画效果，并且用 FORTRAN 语言编写了二维动画制作系统。1967 年，Charles Csuri 利用正弦曲线变形原理制作了头部变形动画。1971 年，Nestor Burtnyk 和 Marcelli Wein 提出了"计算机产生关键帧动画"技术，并开发了 MSGZEN 二维动画系统。1977 年，影片"Star Wars"首次使用了计算机动画和计算机特效。1984 年，Robert Abel 等用计算机创建了第一个数字化的人物形象。1986 年，John Lancaster 等制作了第一部获奥斯卡提名的计算机三维动画短片，并在两年后获计算机动画奥斯卡奖。1991 年，"Terminator2"因计算机特技荣获奥斯卡奖。1993 年，在 Steven Spielberg 的"Jurassic Park"中首次显示三维动画场景。1995 年，迪士尼创作了首部全计算机制作的动画片"Toy Story"[6]。

计算机动画的应用主要体现在以下几个方面。最为广泛的应用是娱乐方面，即动画和游戏；宣传方面的应用包括广告或用动画形象表示某种信息；仿真模拟方面，可以通过动画形式进行仿真，应用于医学等领域；教育方面能够为教学方式增加趣味性，使学生可以从不同角度获取知识。另外，计算机动画相对于手工操作更为高效，能够应用于多种领域产生更大的效益[7]。

6.2　计算机动画类型

计算机动画是在传统动画的基础上，采用计算机技术生成的一系列动态画面。根据计算机的参与程度，计算机动画可以分为计算机辅助制作动画和计算机生成动画（又称为全计算机制作动画）。根据具体动画技术、实现过程和效果，计算机动画可分为关键帧动画、变形动画、基于物理的动画、碰撞处理、关节动画、脚本动画等。

6.2.1　关键帧动画

制作关键帧动画时，制作人员先画出一些关键画面，称为关键帧，两两相邻关键帧之间的过渡画面称为插补帧[8]，也叫中间帧，由动画系统完成中间帧的生成。中间帧的插值计算对于关键帧动画的实现至关重要，不同插值算法生成的动画效果可能差别相当明显。中间帧的插值通过对图形、图像以及所有影响画面图像的参数进行计算得到，包括位置、角度、几何形状、颜色、速度等，实现角色空间方位、几何形态或颜色纹理等方面的各种动画效果。关键帧动画是传统动画方式在电脑应用上的体现，是计算机动画中最基本并且运用最广泛的方法。

计算机动画的生成是一个离散的过程。在计算机动画中，运动物体的中间状态是通过不同的算法生成的，对于不同的动画过程应该采用不同的算法。在计算机动画制作中对于关键帧的插补技术所使用的算法有线性插值法和非线性插值法、骨架插补法等。

线性插值法通过给定的起始帧和结束帧对应点之间的直线距离计算中间插值帧，采用等间隔采样方式，被插值参数匀速变化。但许多情况下，物体的运动和变化并非均匀的，需要采用非线性插值法来生成中间帧，可利用动画软件，如 3DSMax（3D Studio Max），和运动轨迹曲线选择中间帧的插值方式，通过对物体运动模拟的分析，解决物体运动不均匀的运动控制的弧长参数化，确定物体在各关键帧处的位置和定向的样条插值，确定运动路径的样条插值[9]。骨架插补法是将图形抽象成骨架，然后进行插补的方法[10]。

6.2.2 变形动画

变形又称为形状融合或者形状插值，就是采用某种方法使初始物体在视觉上连续变化为目标物体，研究者需要设计中间渐变过程，以实现平滑、自然的渐变[11]。

（1）形状渐变

形状渐变是计算机变形动画中的一个基本技术，是指通过指定的变换，将一定的源数字图像或几何对象 S 光滑连续地变换为目标数字图像或几何对象 T，产生一系列连续变化的运动图像。在这种光滑过渡中，中间帧应既有 S 的特征，又具有 T 的特征[12]。形状渐变可以是不同维度的形状渐变，也可以基于图形图像进行形状渐变，其中的关键问题是解决匹配映射和中间插值。

形状渐变中，先确定和构造初始的图形图像或几何对象，然后确定最终的目标图形图像或几何对象，通过变换算法和插值计算方法，得到动画变化中间过程。以多边形渐变为例，首先构造初始动画角色的多边形和最终目标多边形，然后插值计算初始多边形和目标多边形间形变过程中的点、边等变形值。在处理多个多边形之间的渐变时，需要进行多次顶点映射和确定顶点路径，可用连分式插值法来处理多个多边形之间的渐变，连分式插值法是一种非线性插值方法，具有精度高、多变形过渡平滑和易于实现等优点[13]。

形状渐变可分为整体变形方法和局部变形方法。整体变形方法中被变形物体各个顶点的变换矩阵是被变形物体顶点位置的函数。局部变形方法改变物体的切向量空间，切向量决定物体的局部几何形状。局部变形方法先对被变形物体的切向量进行旋转和扭曲，再通过积分得到变形后的物体[1]。在 3DSMax 中，提供了扭曲、拉伸、弯曲、锥化等修改器，对物体进行变形。图 6.4 为对原图弯曲拉伸的变形效果。

(a) 原图　　　　　　　　(b) 弯曲拉伸变形效果

图 6.4　对原图弯曲拉伸的变形效果

（2）空间变形

空间变形是一种常用变形动画技术，它是指通过扭曲单个物体的形状得到所需的新形状，变形过程中物体的拓扑结构保持不变。在 3DSMax 中常见的空间变形技术是自由变形（Free-Form Deformation, FFD），其方法是通过调整框架顶点位置改变实体对象的形状，可应用于各类实体造型，能够改变各种类型、各种幂次的曲面形状，如隐式定义的曲面、参数曲面、二次曲面和平面等。该算法有一个必要条件是物体要有很好的弹性，并且在外力的作用下容易发生变形。首先将物体嵌入框架中，这个框架可以是一个长方体框架，物体的形状随着框架受外力变形发生改变，可通过框架上的控制顶点来改变可控制物体的形状[14]。

在实现 FFD 局部化变形时，可采用类似分段贝塞尔曲线的概念，整个变形空间由若干小 FFD 块拼接而成，使控制点的移动仅影响受控于该点的小 FFD 块内物体，达到局部变形的目的，如图 6.5 所示。

(a) 变形空间　　　　　　　　　　(b) 变形效果

图 6.5　FFD 4×4×4 及其变形效果

（3）基于曲面曲线的变形

基于曲面曲线的变形常用于整体变形，用户交互性能较好，但是变形功能较少。其能够解决物体过某一指定约束点的问题，得到控制顶点的调整方程，这对提高交互性具有重要意义[15]。

6.2.3　基于物理的动画技术

基于物理的动画技术考虑物体在真实世界中的属性和外力影响，如质量、转动惯性、弹性、摩擦力等，将物理规律引入计算机动画，并采用动力学原理来建立物理模型，模拟物体受到外力影响而发生的形状变化或运动模式变化。当场景中的物体受到外力作用时，牛顿力学中的标准动力学方程可自动生成各个时间点的位置、方向及形状，此时设计者不需要关心物体运动过程中的细节，只需确定物体运动所需的一些物理属性以及约束关系，由计算机生成相应的动画。该技术复杂度很高，经过发展已经能够逼真地模拟各种自然物理现象[16]。各类物体性质不一，其物理模型自然不同，而同样的物体也可以采用不同的物理模型加以模拟，其仿真效果会有很大的差别。最简单的物理模型可以是一个正弦函数，而高级的物理模型需要全面考虑物体的内在物理属性和各种外力因素，通过建立在物体的变形模型、碰撞检测、动力学运动规律等理论之上的算法和方程，来生成每一帧画面。

物体的运动可以分为运动学和动力学两大类。运动学通过运动参数（位置、速度等）曲线等控制物体的运动；动力学考虑物体内在属性、外力，主要研究物体受力后的相互作用和运动状态变化规律，基本定理是牛顿三大定律。基于运动学的动画系统计算较直观、简单，但物体运动轨迹和状态变化是固定的，生成的动画不能很好地模拟物体真实运动，且操作烦琐。基于动力学的动画系统根据物体的不同属性建立相应的物理模型，通过求解物体的物理模型所对应的动力学方程，得到每一时刻物体的位置、方向以及几何形状等参数，动画效果逼真，且操作简单方便。其核心问题是求解运动对象的动力学方程，主要解决以下两个问题：建立仿真计算使用的物理模型或动力学方程，主要由软件工程师完成；提供仿真对象的物理属性及其环境参数，作为仿真计算的初始状态或约束条件，主要由软件操作者完成[1]。

　　3DSMax 的 Reactor 是一个功能强大的动力学动画系统，提供了模拟自然界的动力学环境，包括刚体系统、软体系统、物理变形、水面仿真、布料仿真、链条物体运动、风力仿真、弹簧模型等。使用动力学系统制作动画，用户的主要任务是设置正确的动力学参数，其余工作由动力学系统通过求解运动物体的动力学方程自动完成。其中，刚体的空间运动可以分解为平移和旋转。刚体实时运动仿真通过模拟刚性物体与外界作用时表现的动力学行为，提高实际中模型的真实性和可信度，实时性研究也符合虚拟现实、三维游戏即时性的特点，成为虚拟现实技术的一个重要研究方向，多刚体运动仿真涉及多刚体系统动力学以及刚体碰撞动力学两方面的内容[17]。

6.2.4　碰撞处理

　　碰撞检测是虚拟物体之间交互作用的基础，是虚拟现实、计算机动画中的基本问题[18]，用于判断场景中物体是否发生碰撞，确定物体碰撞事件和位置。碰撞响应是计算物体由于碰撞而发生的变化。时间步长 Δt 对碰撞精度影响很大，Δt 越大，检测速度越快，但检测精度会下降，甚至会出现穿刺或漏检。穿刺，指物体间已经发生了一定深度的穿透才被检测到已发生了碰撞。漏检指没有检测到已经发生的碰撞。

　　碰撞检测包括初步检测和精确检测。初步检测是为了快速排除明显不发生碰撞的物体，确定潜在的相交区域或相交物体，尽量减少需要精确求相交的次数。精确检测是为了寻求确切的相交物体。刚体之间的碰撞处理较为简单，可认为碰撞受力后物体不会发生变形，而非刚体的碰撞处理除了检测物体间的相互碰撞外，还需要处理物体本身的变形、自碰撞等问题。精确碰撞检测对提高动画场景的真实性和实时性起着至关重要的作用。多种碰撞检测都需要进行基本的几何元素的相交测试，高效的三角形相交测试能够很好地提高碰撞检测算法效率。为提高碰撞检测速度，必须减少三角形相交测试的测试步骤和计算复杂度，而基于 Ayellet 的算法优于现有的其他算法[19]。碰撞处理流程如图 6.6 所示[1]。

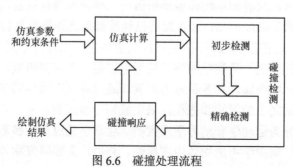

图 6.6　碰撞处理流程

6.2.5　关节动画技术

关节动画是表现具有关节链结构的物体的动画。起重机、翻斗车、台灯、人体等都具有关节链结构，表现此类对象的动画就是关节动画。

关节模型是一种 n 元树的表示，其中每个节点是具有一个自由度的平移或旋转关节。关节的运动可通过运动学或动力学方法来控制，正向或逆向运动学方法是一种设置关节动画的有效方法。

层次链接结构是将一组物体以上下级关系连接起来形成层次链接的结构，可以是单链状或树状[20]。层次关系链接的一组物体中有父物体和子物体，父物体和子物体呈一对多的关系。该结构的运动方式可分为正向运动学（Forward Kinematics, FK）和逆向运动学（Inverse Kinematics, IK）[1]。FK 是由父物体的运动带动子物体的运动，从上到下驱动层次结构，计算简单，运算速度快，动画制作时需从父关节到子关节逐一指定每个关节的角度。IK 是子物体的运动带动父物体的运动，从末端子物体开始依次驱动上层父物体，一般运用在骨骼物体上，先确定末端子骨骼的位置，然后反向推导其所在骨骼链上父骨骼的旋转角度，从而确定整条骨骼形态，求解方程组需消耗相对较多的计算资源，但随着计算硬件性能的不断升级，该问题不算明显[21]。

设计关节动画需要根据层次关系将模型内部各个部分连接起来，并按照 FK 方式或 IK 方式进行运动控制，有时还需要对关节施加变换约束条件，以控制关节的空间运动范围。可以直接利用动画软件中的骨骼工具制作关节动画，骨骼工具生成的关节链默认是 FK 方式，可对需要调整的关节进行角度旋转等设置。创建关节链从建立骨骼开始，骨骼是有层次的关节结构，能够使已被蒙皮的可变形物体活动和定位，并提供了动画层次动作的结构。关节是骨骼中骨头之间的连接点，每个关节可连接一块或多块骨头，关节控制着骨头的旋转和移动。关节链是一系列关节及其连接在关节上的骨头的组合，关节链是线性连接的，层次最高的为父关节，只能有一个，父关节之下的为子关节[22]。设计时应注意层次链接的结构设计和层次链接结构的运动控制问题，原则上要求设计结构尽量简单，一般是将距离最近或相互接触的对象按父子关系顺序连接，并选择运动最少、处于整个结构的质点或重心位置的对象为根节点，另外可设计多个相对独立的层次结构。

6.2.6　脚本动画技术

脚本动画技术运用动画编程语言编写程序，控制动画角色的建模、场景的真实感处理以及运动设置，最后执行脚本程序生成动画场景。很多动画软件都有脚本动画编程语言，例如 3DSMax 的 MAXScript 等。

MAXScript 在提供标准 MAX 用户接口的同时，将 3DSMax 的大部分优势功能进行了集成，能够借助插入文件 I/O 来建立用户输入输出工具，且具备良好的人机交互控制功能，能够与外部系统建立活动接口；同时，能够借助 3D 矢量等运算，支撑高级复杂设计的实现以及批处理工具的建立，并提高随机函数效率。此外，其提供的插件接口为针对特定功能插件进行开发和修改建立了基础[23]。

6.3　常用的动画仿真技术

6.3.1　软体和流体动画仿真

软体和流体动画仿真包括布料的动画仿真、植物的动画仿真、烟云的动画仿真和水的动画仿真等，常用于各种动画场景和情景中。

（1）布料的动画仿真

布料动画建模和仿真技术的研究大多采用物理模型框架，尽管不同的物理建模方法对于布料的表达方式不尽相同，但大多根据牛顿运动定律计算布料运动的基本形态，据此进行碰撞检测与响应，并对模型进行改进以促进仿真的真实感、稳定性和实时性等[24]。布料动画的变形基本目标可归纳为快速、稳定和真实[25]。布料动画仿真系统大都采用基于物理的造型方法，或是将基于物理的造型与几何造型方法结合起来，引入质量、力、能量等物理量，将织物各个部分的运动看作各种力的作用下质点运动的结果。

仿真过程中，首先建立布料的物理模型，接着根据牛顿定理建立基于力或基于能量的布料动力学方程，得到决定质点受力与位移关系或能量与位移关系的微分方程（组），并选用计算效率高的数值计算方法求解该方程（组），还需要解决布料与其他物体的相互碰撞以及布料自身穿透问题，最后进行真实感处理并显示图像[1]。

（2）植物的动画仿真

植物是自然场景的重要组成部分，在虚拟现实或环境、计算机动画与仿真中，植物模型的精细程度和外观效果直接影响室外场景的真实感，植物形态各异、结构复杂，其生长和运动蕴含错综复杂的物理和生物学规律与机理[26]。

例如，首先构造基于物理的植物几何模型，然后建立风力模型，并计算在风力影响下植物模型的动态变形效果，从而实现植物枝叶随风摇曳的动画场景[1]。对植物进行基于物理的建模是为了更好地模拟植物在风中的运动。将植物的茎枝分割为一段段小圆柱体，在内力和外力（风力模型）的作用下产生动态效果，看起来更加真实生动，也更加符合植物的自然属性[27]。

以植物为对象的计算机建模方法主要有两大类，基于图像的建模方法和基于几何参数的建模方法。基于图像的建模方法利用图像来恢复物体的几何模型，其使用现实的植物图像，能达到基于植物本身的建模要求，具有真实感强、自动化程度高的优点，但性能受限于用户建模时采用的图像，而且视点在虚拟场景中的位置受到一定的限制。基于几何参数的建模方法以 L 系统和粒子系统为代表来建模[28]。

基于过程的仿真借助递归结构和算法迭代过程表示植物的形态结构，渐进完成植物建模。在递归过程，设置表现植物生长的环境因素，如阳光照射、温度等。常用的模型和算法包括分形几何技术、粒子系统、L 系统、随机过程、人工智能相关技术等。

1973 年，分形概念被提出。1981 年，维滕和桑德在《物理评论快报》上发表文章，提出了扩散置限聚集（Diffusion-Limited Aggregation, DLA）模型，该模型能够生成各种分形结构[29]。基于 DLA 模型的仿真在封闭空间中放置初始微粒作为种子，并让新生微粒在空间随机游走，如果碰到种子就黏附在其上，如果走到边界处就被边界吸收，众多微粒重复这种随机黏附动作，形成不断增长的具有分形几何特征的聚合体[1]。

Reeves 是粒子系统动画方面的先驱，其 1983 年发表的论文中提出了一种模拟不规则模糊物体的景物生成系统。在其工作中，造型和动画连成一体，一个物体由一系列的粒子来表示，根据各自的动画，每个粒子都要经历"出生""运动和生长"及"死亡"3 个阶段，因此粒子系统能够体现不规则物体的动态性和随机性，进而产生一系列运动进化的画面。基于粒子系统用于植物仿真时，比较适合模拟随风飘动的花草树木，或者远处的森林原野效果。植物的形态结构可以用不同的粒子排列组合来模拟，通过粒子具有生命特征的聚合变化来反映花草树木摇曳不定的随机形态，以及植物生长发育甚至死亡的动态过程。基于粒子系统的模型可展现整体显示效果，对描述植物根系中成千上万条根从生长到死亡的过程特别有效[30]。

（3）烟云的动画仿真

烟幕是指由空气和悬浮在空气中的固态或液态微粒组成的准稳定体系。烟幕运动主要是由微粒的碰撞、重力沉降、微粒带电及微粒间的引力所引起的，由布朗运动导致的烟幕粒子相互接触、碰撞在烟幕中是普遍存在的[31]。而云是一种复杂的自然现象，Blinn 提出的光线反射方程方法、Max 提出的重力场和光线跟踪方法、Kajiya 等提出的光线跟踪非均匀密度场方法等都能较好地模拟云，但这些方法都是基于复杂的数学或物理方法，计算耗时，不便于使用。

基于分形的云模型先把云的基本形状定义为球体，然后对云球变形、随机缩小，在不同方位持续随机复制，并运用光照效果获得更逼真的云层外观，把云层的色彩看作到地面高度的函数，利用随机位移模型对云团、气体进行动态仿真。钻石-正方形算法是随机中点位移的扩展算法，通过对正方形面片的不断细分生成类似钻石外形的云团静态模型，并通过面片顶点机上扰动函数模拟云团内部的翻滚、扩散所引起的形态变化，该算法中采用改良的随机数发生器和顶点扰动、纹理运动结合，模拟实现动态云[32]。

单元自动演化（Cellular Automata, CA）思想来源于生物发育过程中细胞的自我复制，由大量相同的单元（即细胞）、细胞的状态空间、邻居以及局部规则 4 个部分组成，是从分布在规则网格中的每一个细胞获取有限的离散状态，根据邻近细胞状态和外界刺激，并遵循一定的局部规则进行同步更新，即大量细胞通过简单的局部相互作用而构成的动力学系统[33]。基于 CA 的仿真系统虽然组成单元简单，但能够生成复杂的组合效果，并且由于细胞单元的状态很少，转变规则能够以布尔逻辑运算来表示，因而存储量小，运算速度快。仿真过程中，在每个时间步长通过对细胞单元施加简单的转变规则，使细胞状态不断更新，模拟云团生成、消失以及被风吹动的变化过程[1]。

粒子系统对物体的描述不是通过原始的具有边界的面元，而是通过一组定义在空间的原始粒子来描述。该系统不是一个静态实体，每个粒子的属性均是时间的函数。由粒子系统描述的物体不是预先定义好的，其形状位置等属性均用随机过程来描述[34]。因此，这种过程化的物体造型技术可以构造对象的粒子数量、生成时间、生命周期、运动轨迹等参数，以仿真具有爆炸、流动、飞溅、膨胀、翻滚等动态特征的不规则物体，也可以进行烟云的仿真。

（4）水的动画仿真

水的动画仿真是对各种形态和结构的水进行动画仿真，如水流、波浪、水滴等。其仿真方法主要分为基于波形函数的方法、基于物理的方法、基于粒子系统的方法[1]。基于波形函数的方法针对水面波形进行仿真设计，大多采用类似正弦函数的波形函数来描述水流表面，能满足视觉上逼真的效果，但不能反映水流的规律。基于物理的方法借助物理模型仿真水流的动态变化，首先确定一个能够描述水流运动的物理模型，然后求出物理模型在不同时刻的数值解，所有运动状态连续起来形成动态的水流，模拟效果比较真实，但计算量大，不适合实时仿真。Phoenix FD、Glu3D、RealFlow 和 RealWave 等流体动力学插件都可以实现优质的流体动画仿真。基于粒子系统的方法，把水流看作由无数微粒组成的粒子系统，将无数具有一定大小、生命周期、速度、质量的微粒组合成动态的水浪，适合模拟浪花水珠等场景。基于粒子系统的仿真中，瀑布、喷泉、水滴、雨点、水花、泡沫等表现为离散的水粒子形式，可采用普通粒子系统模拟，通过设计粒子的属性来实现水的仿真。

6.3.2 人体动画、人脸动画、群体动画

人体动画主要表现人的躯干、四肢、头部的动作。人体具有典型的关节链特征，人体动画建立在关节动画的基础之上，但人体具有 200 多个自由度，人的各种动作和行为复杂多变，计算量也非常大，因此人体动画的仿真要求很高[35]。各种专业动画软件都提供了人体动画制作功能和技术，如 3DSMax 中的人体动画模块 CS、Poser 等。

人脸是一个层次结构，它由头骨、肌肉层、覆盖的结缔组织和外部皮肤组成，人脸表情是由面部肌肉的变形产生的[36]。人脸动画重点关注人脸五官，真实感人脸合成包括面部数据获取、3D 人脸几何建模和人脸生成 3 个步骤。面部模型生成方法主要分为两种，分别为边形建模技术和曲面建模技术[37]。

群体动画的研究起源于美国。Amkraut 等模拟了虚拟鸟群。涂晓媛等结合自然生命模型提出了一种人工鱼动画系统，实现鱼群的行为仿真。Brogan 等通过个体与个体、个体与环境之间交流时应遵循的一些规则，对群体行为进行组合创作，提出了一种感知模型。Musse 等将群体行为由个体上升到小团体，使群体结构更具自治性和智能性[38]。群体动画主要表现由大量个体组成的群体对象的空间运动和形态变化，模拟群体性对象的生物特征和行为特征。

（1）人体的几何模型

人体建模技术主要用于解决在给定姿态下人体的建模问题，而皮肤变形技术主要用于解决运动过程中人体皮肤的变形问题[38]。人体模型主要分为面模型、体模型和分层模型三大类。

面模型分为骨骼层和皮肤层，不考虑中间的肌肉层和脂肪层。骨骼层是按人体骨骼系统排列的关节链结构，用于表示人体的基本结构，一般使用层次式结构表示，方便对动画控制。皮肤层是包围在骨骼四周的多边形平面或样条曲面，皮肤的变形由内部的骨骼层驱动，底层的关节链结构驱动多边形顶点或样条曲面的控制点。面模型的绘制速度较快，但效果不够逼真。面模型方法可以分为刚体模型、变形函数表示法、蒙皮法、轮廓线法和基于样本的方法。

体模型用基本体元的组合模拟人体，仿真效果较好，处理碰撞检测比较方便，但建模过

程复杂，缺乏有效的运动控制手段。体模型法主要可以分为隐式曲面法和体数据法。前者使用隐式曲面来定义包裹在骨架上的皮肤模型，后者使用扫描得到的体数据来表示人体模型[38]。

分层模型可分为行为层、骨骼层、肌肉脂肪层和皮肤服饰的建模。行为层指定人体要进行的运动；骨骼层决定人体的动作姿态；肌肉脂肪层以 FFD 为基础，FFD 的控制点受骨骼层关节角度的驱动，实现拉伸、挤压、变形；皮肤服饰层描述了人体的表面，其形状受肌肉脂肪层的控制。分层模型真实感强，运动控制方便，但较复杂，变形计算量大，不适合实时场合。

MPEG-4 人体模型标准是开放式的运动图像编解码标准，特别定义了"人脸对象"，对人脸进行参数编码，同时引入了 BDP（Body Definition Parameter）和 BAP（Body Animation Parameter）以描述人体动画[39]。BDP 决定人体模型的外形、皮肤纹理和大小尺寸，BAP 决定人体模型的骨骼运动控制，MPEG-4 还包括 BDT（Body Definition Table），三者结合渲染构成有肌肤纹理的人体。

（2）人体的运动控制

对人体运动的控制技术以骨骼驱动和控制方法为主，由骨骼的运动引起肌肉收缩和伸展，进而产生皮肤的变形，这样只要对骨骼层的关节和骨骼进行控制就可以实现人体的运动。可分为运动学方法、动力学方法、运动捕捉方法等。

运动学方法通过设置关节和链杆的运动参数（位置、速度和加速度等）来控制人体骨骼的运动。运动学方法先将人体骨骼分解成单链结构，然后对各个单链分别进行运动学分析和求解，再合成整个人体的运动，对于行走、跑步这类具有周期性、规律性的人体运动，只需生成一个行走周期内的动作，就可以得到一段时间的行走运动序列。

动力学方法通过模拟物体的物理属性和物理运动规律来生成逼真运动。动力学方法根据人体骨骼所受的力与力矩，应用动力学方程计算骨骼各处的速度和加速度，进而确定人体骨骼的状态，其求解算法复杂，参数调整不够直观，并要求制作人员能正确设定人体各处所受的力与力矩以及骨骼的物理属性。

运动捕获方法主要捕获关节的运动轨迹，实现动画人物运动信息记录自动化，生产运动的基本轨迹，然后将记录的运动信息传递给动画模型，达到控制其运动的目的[40]。运动捕捉方法利用传感和测量设备记录真实人物在三维空间的运动轨迹，并转换为运动数据驱动虚拟人体模型。动画捕捉技术改善了人体动画的制作质量和效率，并具有对人体模型的实时运动控制能力。

（3）人脸的建模

从 20 世纪 70 年代 Parke 建立第一个面部模型开始，许多研究人员致力于三维人脸建模研究。从几何角度来看，人脸具有极度复杂的几何形状和表面材质，头发的模拟、表情动作的仿真、逼真纹理信息的添加以及光照处理等都是极具挑战性的问题。通常由人脸三维数据的获取、标准三维人脸建模和特定人脸建模 3 个部分组成[41]。根据面部几何数据获取方法的不同，可将面部建模方法分为手工建模方法、基于图像的建模方法、基于三维扫描的建模方法等。手工建模方法使用三维动画软件，在计算机中直接制作三维人脸模型。基于图像的建模方法从一张或多张照片、视频图像或运动捕捉画面中提取人脸几何或纹理特征点，可细分为基于多张和基于单张图像的方式。基于三维扫描的建模方法利用三维激光扫描仪获得人脸表面的原始数据集合，再对数据进行除噪、补洞等预处理，从大量原始数据中检测出特征点并转化为三角化面片，利用插值算法得到人脸其他几何点。

（4）人脸的运动控制

人脸动画的控制方式分为基于几何和基于图像两大类。基于几何的动画控制技术使人脸模型的几何结构发生变化，主要包括关键帧插值方法、参数化方法、基于肌肉的方法。

关键帧插值方法首先制作表现人脸各关键形态的面部模型系列，再进行插值计算形成完整的动画序列，可细分为几何插值方法和参数插值方法等。几何插值方法直接修改面部模型网格顶点的坐标；而参数插值方法对影响网格顶点的参数插值处理，间接控制人脸模型。关键帧插值方法效果直观，容易实现，但工作量很大。

参数化方法以人脸模型的构造参数和表情控制参数来控制面部模型及其运动，其中模型构造参数用于描述所设计的人脸形状特征，表情控制参数用于描述人脸的动作或变形，通过参数值的组合产生各种面部标签，插值计算后便可以实现面部表情之间的变化。

基于肌肉的方法根据人脸肌肉运动与面部表情以及皮肤变形的关系，将复杂的人脸活动简化为一组肌肉的收缩运动，通过动力学模型模拟肌肉的运动来生成真实的人脸动画。

基于图像的动画控制技术通过图像纹理的处理来模拟面部皮肤和表情的变化，主要有图像渐变、动态纹理映射以及肤色变化等方法。

基于图像的人脸动画以人的面部图像作为数据源驱动三维人脸几何模型的变形，并结合纹理映射技术实现面部表情和肤色的变化以及真实感处理。

（5）人脸动画驱动技术

人脸动画系统中最关键的部分是数据驱动。动画驱动技术需要解决运动控制的数据源问题，主要用于提高动画制作的效率，以驱动不同动画类型的动画系统。常用的驱动技术有视频驱动、动作驱动、语音驱动、文本驱动等。这些动画驱动技术对人体动画、群体动画具有重要的应用价值。

视频驱动的人脸动画方式是依据实时采集面部特征点的位置信息来驱动三维人脸模型进行动画仿真。在实现视频驱动的人脸动画系统中，使用 ASM（Active Shape Model）算法对人脸图片进行检测，提取面部的特征参数进行训练以建立人脸特征库，在训练人脸图片的过程中调整优化 ASM 参数，达到理想效果。ASM 算法是一种统计模型的图像搜索方法，通过对具有代表性的同一类目标物体图像进行统计建模，从而得到反映目标物体图像形状变化规律的形状统计模型。视频驱动方法用摄像机拍摄演员的面部动作和表情变化，然后进行视频处理，提取控制人脸模型的运动参数。基本处理过程包括视频采集、特征点提取、平滑和滤噪、计算脸部表情动画参数（Facial Animation Parameter, FAP）。

动作驱动方法使用运动捕捉系统对人脸运动状态进行跟踪，将人脸的动作和表情捕捉下来，驱动人脸模型变形。

语音驱动方法以语音作为原始数据源，驱动人脸模型随语音和语调的变化做出相应的动作和表情变化。通过语音识别的方法将语音信号分解为按时间排列的音位序列或音节序列，再将其映射为相应的视位序列，随后用视位序列驱动人脸模型形成与原始语音匹配的口唇和表情动画。不通过语音识别的方法直接将语音特征映射到人脸动画控制参数，驱动人脸变形。常用的时域语音特征参数有短时平均能量、过零率、线性预测系数等。常用的频域语音特征参数有线性预测倒谱系数（Linear Predictive Cepstrum Coefficient, LPCC）、MFCC 等。

文本驱动方法将输入文本转换为音位，再建立音位与动画控制参数的映射关系；或直接在文本与动画控制参数之间建立映射关系，可通过对文本插入一些标记（如语音韵律、语气、重音等）优化输出结果。实现文本驱动唇形动画需要一个文字语音转换系统，即 TTS（Text-to-Speech）引擎，在转换过程中，要确定每个可视化因素的发音所对应的口型类别、开始时间和持续时间等信息[42]。

（6）群体的运动控制

群体运动控制模型属于自主智能体动画技术领域。群体（Crowd）由在同一环境中拥有共同目标的大量个体（Agent）组成，群体动画运动控制系统包括场景划分模块、路径规划模块、群体控制模块、个体控制模块、碰撞处理模块、数学运算模块、系统模块和渲染模块[43]，其运动既具有整体趋同性，又表现出不同个体的差异，如果考虑不同个体之间的相互关系，则整个系统的运动模拟更加复杂。

群体模型可分为全局式和局部式运动控制策略，通过外部引导、预先编排或基于规则等方式控制群体或个体的行为。全局式控制策略强调全局对局部的掌控，借助群体意图对个体行为的指定来引导整个群体的运动，从群行为散布为组行为，再散布为个体行为，较易实施对群组运动整体效果的控制，运动的引导性较强，但个体的自主性较弱。局部式控制策略强调整体运动是个体行为的平衡结果，个体借助自身的感知能力对周围环境进行独立判断和自主行动，与其他个体和环境互动，个体的自主性较强，但对运动的整体效果控制比较困难。

（7）群体动画的建模和渲染

共享数据结合个体差异的建模方法，建立少量人体模型，赋予不同肤色、服饰生成众多人体；或使用变形方法得到形状和特征差异更大的躯干模型，再添加不同的头、手、脚，得到一组具有个性差异的模型。细节层次（Level of Detail, LoD）方法——根据角色与观察者（摄像机）的距离选择物体不同的模型精度，降低远离观察者的物体细节表达层次。渲染是在计算机内建立的 3D 几何模型上附加一定的材质、纹理及色彩，并加上光源，通过计算机的计算生成具有真实感效果的场景图形[44]，可采用骨骼蒙皮动画、刚体动画、替身图像动画结合的方式，加快渲染速度。骨骼蒙皮动画将角色几何模型分为骨骼层和皮肤层，通过骨骼运动驱动表层多边形网格实现皮肤和肌肉的变形，骨骼蒙皮动画不仅克服了关节动画中的接缝问题，而且效果更加逼真、生动，比单一的网格模型动画更加灵活，经过预处理能达到实时交互效果[45]。刚体动画预先计算角色运动形状，以顶点值、法线值、纹理值表格等存储，渲染时只需调用预计算得到的数值生成角色姿态。替身图像动画采用一系列二维正交投影图表示三维物体，二维图像预先生成，要计算一个关键帧时，计算同一瞬间从各方向拍摄物体得到的一系列图像，渲染时从系列图像中选出视角合适的图像来代替三维模型。

（8）群体动画的制作

在群体动画运动技术的研究基础上，出现了一些优秀的群体动画制作软件或插件，如 3DSMax 中的群体动画模块（Delegate 和 Crowd 辅助器）、Maya 的插件 Crowd Maker、Presagis 公司的 AI.implant（可作为 3DSMax 或 Maya 插件）、梦工厂的专利产品 mob 系统、Massive 公司的 Massive 软件，还可以使用大型动画软件中的粒子系统制作群体动画。

基于粒子系统的群体动画可以使用大型动画软件中的粒子系统，选定粒子类型为关联复制类型后，拾取单个动画角色模型复制出众多动画角色，使用基本粒子系统制作的群体动画没有智能化，但运行速度快，适用于实时场景。对于群体动画的制作，主要是通过利用不同的动画剪辑片段对动画进行修改，也就是对原始物体所做的任何变化都能改变样品物体[46]。例如，使用 Maya 的粒子系统完成战争场面，通过简单的表达式控制每个角色的动作，为每个士兵随机分配身高、体型、体力（奔跑速度）等初始值，可以避免单一的外形和统一的动作。

3DSMax 的群集（Crowd）和代表（Delegate）辅助器，用于群体动画的制作。Crowd 辅助器负责群体系统的整体设置，包括 Delegate 的复制和布局、添加动作行为，Delegate 与动画角色的链接等。Delegate 辅助器是群组动画中使用的特殊辅助对象，它作为由群组对象创建的运动代理，群组对象控制一个代理或多个代理，可以将代理的运动赋予两足角色或其他对象，不能渲染代理。一个 Delegate 指代一个动画角色，系统通过 Delegate 影响动画角色。基本制作步骤为，将 Crowd、Delegate 辅助器放入场景，复制适当数量的 Delegate 辅助器；根据动画角色运动特征，为其 Delegate 设置运动参数；通过 Crowd 进行动画角色与 Delegate 关联、Delegate 行为指定、多个 Delegate 编辑、感知控制器编辑等操作；通过 Crowd 设置仿真开始和结束帧、行为优先级别、不同行为的糅合过渡等参数；通过 Crowd 启动仿真求解运算。

专业群体动画软件 Massive 是业界第一款使用人工智能驱动个体完成自主性运动的大型群体动画软件。Massive 在以下几个方面进行了精心设计。①个体动作，个体具备高效的智能，能够看、听，对其他个体的行为做出反应。②友好界面，提供容易操控的、智能且简单的图形用户界面，便于普通用户编辑各项功能。③编辑功能，提供个体定位布局工具、三维地形刷、流场编辑器，以及个体变化、智能调节等功能。④整合能力，能够整合其他软件形成综合处理系统。⑤运动真实性，能够自动转接、多层糅合各种动作，由少量动作生成很多的动作。

参考文献

[1] 王毅敏. 计算机动画制作与技术[M]. 北京: 清华大学出版社, 2010.

[2] 敬万钧. 计算机动画综述[J]. 计算机应用, 1996, 16(1): 3-7.

[3] 姜蕾. 计算机动画中二维技术与三维技术的融合[J]. 科技创新导报, 2011, 8(1): 32.

[4] 王嶺, 余哲, 高伟, 等. 基于视觉识别的 3D 动画制作辅助系统[J]. 工业控制计算机, 2018, 31(2): 101-102.

[5] 王星博, 杜硕. 浅析计算机动画发展史[J]. 西部皮革, 2018, 40(10): 133.

[6] 梅克冰. 从传统动画到计算机动画(下): 计算机动画的发展里程[J]. 出版与印刷, 2003(3): 17-21.

[7] 王佳隽. 我国计算机动画的现状与发展[J]. 电子技术与软件工程, 2016(22): 150.

[8] 崔欣. 计算机动画技术发展浅析[J]. 科技风, 2008(21): 42.

[9] 张美香, 郝轶鸣. 关键帧动画技术综述[J]. 山西广播电视大学学报, 2009, 14(5):55-56.

[10] 周谦. 计算机动画关键帧插补技术综述[J]. 电脑知识与技术(学术交流), 2007, 3(1): 220-221.

[11] 王晓刚. 计算机二维动画变形技术研究[J]. 科技创新导报, 2011, 8(29): 19.

[12] 刘建军. 变形技术中二维图像的自然渐变[J]. 科技信息(学术研究), 2007(26): 195-196.

[13] 范自柱. 一种新的二维形状渐变技术[J]. 计算机应用与软件, 2005, 22(5): 104-106.

[14] 刘建军. 空间变形技术研究[D]. 青岛: 中国石油大学, 2009.

[15] 徐岗, 汪国昭, 陈小雕. 自由变形技术及其应用[J]. 计算机研究与发展, 2010, 47(2): 344-352.

[16] 金小刚, 鲍虎军, 彭群生. 计算机动画技术综述[J]. 软件学报, 1997(4): 241-251.

[17] 傅由甲, 杨克俭. 三维空间中凸多刚体实时运动仿真[J]. 系统仿真学报, 2007, 19(6): 1303-1306.

[18] 齐敏, 郝重阳, 佟明安. 碰撞检测理论与技术分析[C]//信号与信息处理专业联合学术会议. 北京: 中国航空学会, 2000: 219-226.

[19] 张忠祥. 计算机动画中碰撞检测技术研究[D]. 无锡: 江南大学, 2009.

[20] 金小刚, 陆国栋, 王德林. 关节动画 人体动画基于物理模型的动画技术[J]. 软件世界, 1997(10): 37-41.

[21] 马跃. 浅谈 Maya 骨骼设置中 IK 与 FK 无缝转换的实现[J]. 电脑知识与技术, 2012, 8(9): 2141-2143.

[22] 曾志刚, 裴晏. Maya 骨骼动画入门[J]. 电视字幕(特技与动画), 2004, 10(6): 52-57.

[23] 陈兰, 占生平. 脚本语言下三维动画技术的研究与实现[J]. 通讯世界, 2016(22): 285.

[24] 梁秀霞, 韩慧健, 张彩明. 基于物理仿真的布料动画研究综述[J]. 计算机研究与发展, 2014, 51(1): 31-40.

[25] 周川. 布料动画关键技术研究[D]. 杭州: 浙江大学, 2009.

[26] 宋成芳. 动态植物场景的建模与仿真研究[D]. 杭州: 浙江大学, 2007.

[27] 郭武, 孟宇, 徐长青, 等. 基于物理的阔叶植物仿真[J]. 系统仿真学报, 2009, 21(5):1372-1375.

[28] 王春华. 风场中森林的建模与仿真[D]. 武汉: 武汉理工大学, 2010.

[29] 李金林. DLA 分形结构成长过程的分析[J]. 青海师范大学学报(自然科学版), 2004, 20(3): 21-22,79.

[30] 熊海桥, 蒋立华, 罗轶先, 等. 基于粒子系统的物理约束植物根生长建模[J]. 计算机应用, 2002, 22(7): 39-41.

[31] 何友金, 吕原, 谭伟. 基于分形布朗运动的烟幕仿真研究[J]. 红外技术, 2008, 30(11): 660-663.

[32] 石贱弟, 姜昱明. 基于分形几何的动态云模拟[J]. 计算机仿真, 2006, 23(4): 197-200.

[33] 田晓丹, 罗飞, 许玉格. 基于细胞自动机的电梯混合系统建模及仿真[J]. 系统仿真学报, 2008, 20(10): 2740-2745.

[34] 李松维, 周晓光, 王润杰, 等. 基于粒子系统烟雾的模拟[J]. 计算机仿真, 2007, 24(9): 199-201,231.

[35] 劳志强, 潘云鹤. 人体动画综述[J]. 计算机科学, 1998, 25(1): 93-97,76.

[36] 李亚辉. 真实感人脸建模和动画研究概述[J]. 衡水学院学报, 2005, 7(1): 35-36.

[37] 郑延斌, 刘晶晶, 王宁. 基于智能算法的群体动画设计与实现[J]. 中原工学院学报, 2013, 24(4): 26-30.

[38] 吴小毛, 马利庄, 顾宝军. 计算机动画中人体建模与皮肤变形技术的研究现状与展望[J]. 中国图象图形学报, 2007, 12(4): 565-573.

[39] 关景火, 李德华, 蔡涛, 等. MPEG-4 的 3D 人体动画框架[J]. 有线电视技术, 2004, 11(15):49-52.

[40] 向泽锐, 支锦亦, 徐伯初, 等. 运动捕捉技术及其应用研究综述[J]. 计算机应用研究, 2013, 30(8): 2241-2245.

[41] 徐成华, 王蕴红, 谭铁牛. 三维人脸建模与应用[J]. 中国图象图形学报, 2018, 9(8): 893-903.

[42] 乔德明. 三维人脸唇形动画的语音驱动研究[D]. 成都: 电子科技大学, 2011.

[43] 刘惠义, 姚巍, 沈赟芳. 群体动画运动控制系统及方法: CN102208111A[P]. 2011-10-05.

[44] 李树声. 网络集群渲染在 3D 动画制作中的应用[J]. 广播与电视技术, 2004, 31(9): 63-64.

[45] 丁鹏, 贾月乐, 张静, 等. 骨骼蒙皮动画设计与实现[J]. 技术与市场, 2009, 16(10): 11-12.

[46] 王伟军. 基于粒子系统的群体动物三维建模[J]. 数字技术与应用, 2012(6): 208-209.

第7章

数字媒体技术基础实验

7.1 实验 7.1 VS+OpenCV 开发环境搭建

1. 实验目的

掌握 VS+OpenCV 开发环境的搭建方法；熟悉 VS+OpenCV 的开发环境；了解数字媒体课程的学习内容及数字媒体的应用。

2. 实验内容

（1）数字媒体课程的学习内容及数字媒体的应用。

（2）搭建 VS+OpenCV 开发环境。

（3）熟悉 VS+OpenCV 的开发环境。

3. 实验指导

以下实验过程参考 JohnHany 的博客文章《Windows 7+VS 2010 下的 OpenCV 环境配置》。

（1）下载并解压 OpenCV

从 OpenCV 官网可以下载最新版的安装文件，下载的文件是自解压文件，可解压到任意一个文件夹。本节以 2.4.10 版本为例。

（2）设置环境变量

OpenCV 库函数需要通过用户环境变量调用所需的库文件，需要在环境变量 path 中加入解压后文件夹的文件路径：…\OpenCV\build\x86\vc10\bin。

这里的"x86"代表目标程序是 32 位的，如果目标程序为 64 位则选择"x64"文件夹。此处并不是根据开发环境选择的。"vc10"代表使用 Visual C++ 2010 开发。如果使用 Visual Studio 2012，则选择"vc11"。

需要注意的是，有时需要注销用户，重新登录 Windows，保证环境变量更新并应用。

（3）创建并配置工程

打开 Visual Studio，新建一个工程，如"Test"。在 Solution Explorer 中右击工程名，选

择 Properties。在弹出的窗口"Test Property Pages"中，Configuration 选择"Debug"（或者默认的"Active(Debug)"），Platform 选择"Win32"。在左边选择 Configuration Properties→VC++ Directories，在右边的 General 中编辑 Include Directories，增加以下三项。

解压文件路径\OpenCV\build\include

解压文件路径\OpenCV\build\include\OpenCV

解压文件路径\OpenCV\build\include\OpenCV2

在 Library Directories 中增加以下一项。

解压文件路径\OpenCV\build\x86\vc10\lib

把 Configuration 改为"Release"，然后对 Include Directories 和 Library Directories 做同样的修改。此处的"vc10"代表使用 Visual C++2010 开发。如果使用 Visual Studio 2012，则选择"vc11"。

在"OpenCVTest Property Pages"窗口下，Configuration 选择"Debug"。在窗口左边选择 Configuration Properites→Linker→Input，在窗口右边编辑 Additional Dependencies，增加以下项。

OpenCV_calib3d2410d.lib

OpenCV_contrib2410d.lib

OpenCV_core2410d.lib

OpenCV_features2d2410d.lib

OpenCV_flann2410d.lib

OpenCV_gpu2410d.lib

OpenCV_highgui2410d.lib

OpenCV_imgproc2410d.lib

OpenCV_legacy2410d.lib

OpenCV_ml2410d.lib

OpenCV_objdetect2410d.lib

OpenCV_ts2410d.lib

OpenCV_video2410d.lib

把 Configuration 改为"Release"，在 Additional Dependencies 增加以下项，如果仅使用 Debug 模式，这一步可以跳过。

OpenCV_calib3d2410.lib

OpenCV_contrib2410.lib

OpenCV_core2410.lib

OpenCV_features2d2410.lib

OpenCV_flann2410.lib

OpenCV_gpu2410.lib

OpenCV_highgui2410.lib

OpenCV_imgproc2410.lib

OpenCV_legacy2410.lib

OpenCV_ml2410.lib

OpenCV_objdetect2410.lib

OpenCV_ts2410.lib

OpenCV_video2410.lib

（4）测试示例

假设在"E:\"盘有一个名为"lena.jpg"的图像，下面用一段程序把这个图像变成灰度图像。

```
#include <OpenCV2/core/core.hpp>
#include <OpenCV2/imgproc/imgproc.hpp>
#include <iostream>

using namespace cv;
using namespace std;

int main(int argc, char **argv)
{
    const char* filename = "E:\\lena.jpg";    //读入图像，注意文件路径的表示
    Mat srcImg = imread(filename, CV_LOAD_IMAGE_COLOR);
    if(srcImg.empty())
        return -1;
    //imshow("source", srcImg);

    //初始化一个 Mat 类型变量，用于存放图像灰度化后的图像

    Mat p1Img(srcImg.size(),CV_8UC1);
    cvtColor(srcImg,p1Img,CV_RGB2GRAY);

    imshow("result", p1Img);

    waitKey(0);
    return 0;
}
```

这段程序先读入图像 lena.jpg，再创建一个同样大小的灰度图像，并进行显示。

单击"Start Debugging"按钮或按 F5 键，程序运行后如能正确显示图像效果，说明环境配置成功。

4．实验习题

（1）完成 VS+OpenCV 开发环境的搭建。

（2）完成读入、显示图像的测试。

7.2   实验 7.2 VS+OpenCV 开发环境下读取和显示图像

1．实验目的

掌握在 VS+OpenCV 开发环境下读取和显示图像的方法；访问图像中任意一个像素点的颜色信息；掌握图像的灰度化方法和二值化方法。

2．实验内容

（1）在 VS+OpenCV 开发环境下读取和显示图像。

（2）访问图像中任意一个像素点的颜色信息。

（3）编写程序实现图像的灰度化和二值化。

（4）编写程序实现减小颜色数量。

3．实验指导

以下实验过程参考 CSDN 博客文章《[OpenCV]访问 Mat 图像中的每个像素的值》。

（1）图像容器 Mat

Mat 的存储形式和 MATLAB 里的数组格式类似，是二维向量，也可以看作二维矩阵。如果是灰度图，一般存放<uchar>类型；如果是 RGB 彩色图，则存放<Vec3b>类型。假设有一张 $M×N$ 大小的图像，其单通道灰度图和 RGB 彩色图像的数据存放形式如图 7.1 和图 7.2 所示。

	第1列	第2列	…	第j列	…	第N列
第1行	0,0	0,1	0,…	0j	0,…	0,N
第2行	1,0	,1	1,…	1j	1,…	1,N
⋮	…,0	…,1	…,…	…j	…,…	…,N
第i行	i,0	i,1	i,…	$i$$j$	i,…	i,N
⋮	…,0	…,1	…,…	…j		…,N
第M行	M,0	M,1	M,…	$M$$j$	M,…	M,N

图 7.1　单通道灰度图数据存放形式

多通道的图像中，每列并列存放通道数量的子列，如 RGB 三通道彩色图像。

	第1列			第2列			…	第N列		
	蓝	绿	红	蓝	绿	红		蓝	绿	红
第1行	0,0	0,1	0,2	0,3	0,4	0,5	0,…	0,3(N−1)	0,3(N−1)+1	0,3(N−1)+2
第2行	1,0	1,1	1,2	1,3	1,4	1,5	1,…	1,3(N−1)	1,3(N−1)+1	1,3(N−1)+2
⋮	…,0	…,1	…,2	…,3	…,4	…,5	…,…	…,3(N−1)	…,3(N−1)+1	…,3(N−1)+2
第M行	M,0	M,1	M,2	M,3	M,4	M,5	M,…	M,3(N−1)	M,3(N−1)+1	M,3(N−1)+2

图 7.2　RGB 彩色图像数据存放形式

如果内存足够大，图像的每一行可以是连续存放的形式，这种情况在访问时可以提供很多便利。可以用 isContinuous()函数来判断图像数组是否为连续的。

在 OpenCV 中，除了用 Mat 类的对象表示图像数据，还可以用 IplImage 的形式。

下面一段程序是用 Mat 容器读入一张图片，并输出指定像素的灰度信息。

```
int main(int argc, char **argv)
{
    const char* filename = "E:\\lena1.JPG";
    Mat srcImg = imread(filename, CV_LOAD_IMAGE_COLOR);
```

```
    if(srcImg.empty())
        return -1;
    imshow("source", srcImg);

    int channels = srcImg.channels();
    int nRows = srcImg.rows ;
    int nCols = srcImg.cols* channels;
    if (srcImg.isContinuous())
    {
        nCols *= nRows;
        nRows = 1;
    }
    int i,j;
    i=5;
    j=2;
    cout<<int(srcImg.ptr(i)[j])<<"\n";
    waitKey(0);
    return 0;
}
```

（2）遍历访问图像中的像素

以下用代码的方式说明了两种遍历访问图像中的像素信息的方式。

① C 操作符

```
// 输入图像 I
    int i,j;
    uchar* p;
    for( i = 0; i < nRows; ++i)
    {
        p = I.ptr<uchar>(i);
        for ( j = 0; j < nCols; ++j)
        {
            p[j] =10*floor(p[j]/10);
        }
    }
    return I;
```

C 操作符[ ]是一种高效的访问方式，但是需要注意访问越界的问题。

② 迭代器 iterator

```
// 输入图像 I
    switch(channels)
    {
    case 1:
        {
            MatIterator_<uchar> it, end;
            for( it = I.begin<uchar>(), end = I.end<uchar>(); it != end; ++it)
                *it = 10*floor((*it)/10);
            break;
        }
```

```
case 3:
    {
    MatIterator_<Vec3b> it, end;
    for( it = I.begin<Vec3b>(), end = I.end<Vec3b>(); it != end; ++it)
        {
            (*it)[0] = 10*floor((*it)[0]/10);
            (*it)[1] = 10*floor((*it)[1]/10);
            (*it)[2] = 10*floor((*it)[2]/10);
        }
    }
}
return I;
```

指针直接访问时，如果代码写得不够完备，可能出现越界问题，迭代器相对来说是一种更安全的访问方法。

（3）减小颜色数量

以 uchar 类型的三通道图像为例，每个通道的颜色等级取值是 0～255，因此有 256×256×256 个不同的颜色值。

如果对颜色等级做如下操作和映射：

3 个通道分量中所有取值为 0～9 的像素全部变为 0；

3 个通道分量中所有取值为 10～19 的像素全部变为 10；

3 个通道分量中所有取值为 20～29 的像素全部变为 20；

依次类推。

这样就可以把颜色值减少为 26×26×26 种。以上映射关系计算式如下。

$$S=10\text{floor}\left(\frac{R}{10}\right)$$

其中，R 是输入灰度值，S 是输出灰度值。在 C++程序中，int 类型除法操作会自动截余，所以上式中的 floor()向下取整函数可以不写；也可以把 256 种灰度值的转换映射计算后提前存储在一组数组 table 中，需要进行颜色信息转换时，直接从 table 中读取结果即可。

```
int dW=10;
uchar table[256];
for (int i = 0; i < 256; ++i)
    table[i] =dW*(i/dW);
```

4．实验习题

（1）练习一：实现 VS / MFC + OpenCV 打开图片的功能。

① 新建项目；

② 配置 OpenCV 环境；

③ 添加和设置控件；

④ 添加 OpenCV 的 CvvImage 文件；

⑤ 添加代码。

在 MFC_DEMODlg.cpp 文件中添加函数

void CMFC_DEMODlg::DrawPicToHDC(IplImage *img, UINT ID)

```
    {
        CDC *pDC = GetDlgItem(ID)->GetDC();
        HDC hDC= pDC->GetSafeHdc();
        CRect rect;
        GetDlgItem(ID)->GetClientRect(&rect);
        CvvImage cimg;
        cimg.CopyOf( img ); // 复制图片
        cimg.DrawToHDC( hDC, &rect ); // 将图片绘制到显示控件的指定区域内
        ReleaseDC( pDC );
    }
```

在新增按钮的响应函数中添加代码如下。

```
void CMFC_DEMODlg::OnBnClickedOpenImg()
{
    // TODO: 在此添加控件通知处理程序代码
    IplImage *image=NULL; //原始图像
    if(image) cvReleaseImage(&image);
    image = cvLoadImage("F:\\lena.jpg",1); //显示图片
    DrawPicToHDC(image, IDC_STATIC);
}
```

（2）练习二

① 设计和实现数字图像像素点遍历和访问程序。

② 设计和实现图像的灰度化和二值化。

③ 设计和实现减小图像颜色空间的程序。

7.3 实验 7.3 直方图和直方图均衡化

1．实验目的

理解直方图和直方图均衡化的原理及其在图像和视频处理中的应用，熟悉 VS+OpenCV 实现直方图和直方图均衡化。

2．实验内容

（1）理解直方图和直方图均衡化的原理及其在图像和视频处理中的应用。

（2）基于 VS+OpenCV 实现获取图像的直方图。

（3）基于 VS+OpenCV 实现对图像的直方图均衡化。

（4）理解直方图应用。

3．实验指导

以下实验过程参考 CSDN 博客文章《对 OpenCV 直方图的数据结构 CvHistogram 的理解》。

（1）灰度直方图的定义

灰度直方图是灰度级的函数，描述图像中该灰度级的像素个数（或该灰度级像素出现的频率），其横坐标是灰度级，纵坐标表示图像中该灰度级出现的个数（频率）。

一维直方图的结构表示为一维数组。

$$H(p) = [p(r_1), p(r_2), \cdots p(r_i), \cdots p(r_L)]$$

$$p(r_i) = \frac{n_i}{n}$$

其中，n 是图像的像素总数，n_i 是图像中灰度级为 r_i 的像素个数，r_i 是第 i 个灰度级，$i = 0, 1, 2, \cdots, L-1$。

OpenCV 中用 CvHistogram 表示多维直方图，其结构如下。

```
typedef struct CvHistogram
{
    int    type;   //指定第二个成员 bins 的类型
    CvArr*  bins;  //存放每个灰度级数目的数组指针
    float   thresh[CV_MAX_DIM][2];  //均匀直方图，指定统计直方图分布的上下界，指定均匀直方
图的分布
    float** thresh2; //非均匀直方图，需要每个区间的上下界
    _CvMatND mat;   //直方图数组的内部数据结构，mat 用于存储直方图的信息，即统计直方图分布
概率
}
CvHistogram;
```

OpenCV 中用 cvCreateHist()创建一个直方图。

```
CvHistogram* cvCreateHist(
    int dims, //直方图维数
    int* sizes,//直方图维数尺寸
    int type, //直方图的表示格式
        float** ranges=NULL, //图中方块范围的数组
    int uniform=1 //归一化标识
    );
```

size 数组的长度为 dims，每个数表示分配给对应维数的 bin 的个数。如 dims=3，则 size 中用[s1,s2,s3]分别指定每维 bin 的个数。

type 有两种：CV_HIST_ARRAY 意味着直方图数据表示为多维密集数组 CvMatND，CV_HIST_TREE 意味着直方图数据表示为多维稀疏数组 CvSparseMat。

ranges 就是 thresh 的范围，其内容取决于 uniform 的值，uniform=0 表示其为均匀的，否则为不均匀的。

计算图像直方图的函数为 CalcHist()。

```
void cvCalcHist(
    IplImage** image, //输入图像（也可用 CvMat**）
    CvHistogram* hist, //直方图指针
    int accumulate=0, //累计标识。如果设置，则直方图在开始时不被清零
    const CvArr* mask=NULL //操作 mask, 确定输入图像的哪个像素被计数
    );
```

需要注意的是，这个函数用来计算一幅（或多幅）单通道图像的直方图，如果要计算多通道，则用这个函数分别计算图像每个单通道。

（2）直方图均衡化

直方图均衡化是直方图最典型的应用，是图像点运算的一种。

OpenCV 中灰度直方图均衡化的函数为 cvEqualizeHist。

void cvEqualizeHist(const CvArr* src, CvArr* dst);

此函数只能处理单通道的灰色图像。对于彩色图像，可以把每个信道分别均衡化，再 Merge 为彩色图像。

以下代码为图像直方图均衡化示例。

```
int main()
{
    IplImage * image= cvLoadImage("lena.jpg");
    //显示原图及直方图
    cvNamedWindow("Source");
    cvShowImage("Source", image);

    IplImage* eqlimage=cvCreateImage(cvGetSize(image),image->depth,3);
    //分别均衡化每个信道
    IplImage* redImage=cvCreateImage(cvGetSize(image),image->depth,1);
    IplImage* greenImage=cvCreateImage(cvGetSize(image),image->depth,1);
    IplImage* blueImage=cvCreateImage(cvGetSize(image),image->depth,1);
    cvSplit(image,blueImage,greenImage,redImage,NULL);

    cvEqualizeHist(redImage,redImage);
    cvEqualizeHist(greenImage,greenImage);
    cvEqualizeHist(blueImage,blueImage);
    //均衡化后的图像
    cvMerge(blueImage,greenImage,redImage,NULL,eqlimage);
    cvNamedWindow("Equalized");
    cvShowImage("Equalized",eqlimage);
}
```

（3）对比直方图

OpenCV 中提供了 cvCompareHist 函数，用于对比两个直方图的相似度。

```
double cvCompareHist(
            const CvHistogram* hist1, //直方图 1
            const CvHistogram* hist2, //直方图 2
            int method//对比方法
);
```

method 有 CV_COMP_CORREL、CV_COMP_CHISQR、CV_COMP_INTERSECT、CV_COMP_BHATTACHARYYA 这 4 种方法，对应公式如下。

Correlation(method=CV_COMP_CORREL)

$$d_{\text{correl}}(H_1,H_2) = \frac{\sum_i H_1'(i)H_2'(i)}{\sqrt{\sum_i H_1'^2(i)H_2'^2(i)}}$$

Chi-square(method=CV_COMP_CHISQR)

$$d_{\text{chi-square}}(H_1, H_2) = \sum_i \frac{(H_1(i) - H_2(i))^2}{H_1(i) + H_2(i)}$$

Intersection(method=CV_COMP_INTERSECT)

$$d_{\text{intersection}}(H_1, H_2) = \sum_i \min(H_1(i, H_2(i))$$

Bhattacharyya distance(method=CV_COMP_BHATTACHARYYA)

$$d_{\text{Bhattacharyya}}(H_1, H_2) = \sqrt{1 - \sum_i \frac{\sqrt{H_1(i)H_2(i)}}{\sqrt{\sum_i H_1(i) \sum_i H_2(i)}}}$$

下面是对比直方图的应用实践。在视频镜头切换时，计算前一个镜头中的倒数两帧图像的直方图相似度，以及前一个镜头中最后一帧图像和后一个镜头中第一帧图像的直方图相似度，比较两个相似度有什么不同？此方法是一种简单的视频镜头边界的检测和分割方法。参考代码如下。

```
int main()
{
    IplImage * image1= cvLoadImage("E:\\ 2015-04-11 21-49-56.jpg");
    IplImage * image2= cvLoadImage("E:\\ 2015-04-11 21-49-57.jpg");
    IplImage * image3= cvLoadImage("E:\\ 2015-04-11 21-49-58.jpg");

    int hist_size=256;
    float range[] = {0,255};
    float* ranges[]={range};

    IplImage* gray_plane1 = cvCreateImage(cvGetSize(image1),8,1);
    cvCvtColor(image1,gray_plane1,CV_BGR2GRAY);
    CvHistogram* gray_hist = cvCreateHist(1,&hist_size,CV_HIST_ARRAY,ranges,1);
    cvCalcHist(&gray_plane1,gray_hist1,0,0);

    IplImage* gray_plane2 = cvCreateImage(cvGetSize(image2),8,1);
    cvCvtColor(image2,gray_plane2,CV_BGR2GRAY);
    CvHistogram* gray_hist2 = cvCreateHist(1,&hist_size,CV_HIST_ARRAY,ranges,1);
    cvCalcHist(&gray_plane2,gray_hist2,0,0);

    IplImage* gray_plane3 = cvCreateImage(cvGetSize(image3),8,1);
    cvCvtColor(image3,gray_plane3,CV_BGR2GRAY);
    CvHistogram* gray_hist3 = cvCreateHist(1,&hist_size,CV_HIST_ARRAY,ranges,1);
    cvCalcHist(&gray_plane3,gray_hist3,0,0);

    //相关：CV_COMP_CORREL
    //卡方：CV_COMP_CHISQR
    //直方图相交：CV_COMP_INTERSECT
    //Bhattacharyya 距离：CV_COMP_BHATTACHARYYA
    double com1=cvCompareHist(gray_hist1,gray_hist2,CV_COMP_BHATTACHARYYA);
    double com2=cvCompareHist(gray_hist2,gray_hist3,CV_COMP_BHATTACHARYYA);
```

```
    cout<<com1<<endl;
    cout<<com2<<endl;
    waitKey();
      return 0;
    }
```

cvCompareHist 的结果为[0,1]的浮点数，其值越小表示两幅图像匹配度越高，其值为 0 表示两幅图像精确匹配。注意，method 用不同的方法对比结果是不同的。

4．实验习题

（1）基于控制台获取图像直方图并显示。

（2）在实验 7.2 练习一、练习二和实验 7.3 的基础上，添加控件，基于 MFC 实现获取图像直方图，并显示。

（3）基于图像直方图均衡化，并显示处理效果。

（4）在实验 7.2 练习一、练习二和实验 7.3 的基础上，添加控件，基于 MFC 实现图像直方图均衡化，并显示处理效果。要求：读入图片，根据图像的通道数来对图像进行直方图均衡化。

（5）实现直方图对比应用。

7.4 实验 7.4 空间滤波器

1．实验目的

理解空间滤波器的原理和应用，掌握基于 VS+OpenCV 实现空间滤波器，如对图像进行平滑、去噪，锐化。

2．实验内容

（1）理解空间滤波器的原理和应用，如对图像进行平滑、去噪；

（2）基于 VS+OpenCV 实现线性空间滤波器，如高斯滤波、均值滤波；

（3）基于 VS+OpenCV 实现非线性空间滤波器，如最大值滤波器、最小值滤波器和中值滤波器。

3．实验指导

（1）线性空间滤波器

① 均值滤波器

3×3 均值滤波器和 5×5 均值滤波器如图 7.3 所示。

1	1	1
1	1	1
1	1	1

(a) 3×3

1	1	1	1	1
1	1	1	1	1
1	1	1	1	1
1	1	1	1	1
1	1	1	1	1

(b) 5×5

图 7.3　均值滤波器

② 高斯滤波器

图 7.4 为 3×3 高斯滤波器模板示例。

1	2	1
2	4	2
1	2	1

图 7.4 3×3 高斯滤波器模板示例

③ 拉普拉斯算子

图 7.5 为 3×3 拉普拉斯模板示例。

0	−1	0	−1	−1	−1
−1	4	−1	−1	8	−1
0	−1	0	−1	−1	−1

图 7.5 3×3 拉普拉斯模板示例

（2）非线性空间滤波器

① 中值滤波：$R = \mathrm{mid}\{z_k \mid k = 1,2,\cdots,9\}$。

② 最大值滤波器：$R = \max\{z_k \mid k = 1,2,\cdots,9\}$。

③ 最小值滤波器：$R = \min\{z_k \mid k = 1,2,\cdots,9\}$。

（3）参考代码

① 均值滤波器参考代码如下。

```
for( i = 1; i < R1.rows-1; ++i)
  {
    const uchar *pr = R1.ptr<const uchar>(i-1);
    const uchar *cu = R1.ptr<const uchar>(i);
    const uchar *ne = R1.ptr<const uchar>(i+1);

    for ( j = 1; j < R1.cols-1; ++j)
    {
    R.ptr(i)[j]=(pr[j-1]+pr[j]+pr[j+1]+cu[j-1]+cu[j]+cu[j+1]+ne[j-1]+ ne[j]+ne[j+1])/9;
    }
  }
imshow("target", R);
```

② 最大值滤波器参考代码如下。

```
for( i = 1; i < R1.rows-1; ++i)
  {
    const uchar *pr = R1.ptr<const uchar>(i-1);
```

```
        const uchar *cu = R1.ptr<const uchar>(i);
        const uchar *ne = R1.ptr<const uchar>(i+1);

        for ( j = 1; j < R1.cols-1; ++j)
        {
            R2.ptr(0)[0]=pr[j-1];
            R2.ptr(0)[1]=pr[j];
            R2.ptr(0)[2]=pr[j+1];
            R2.ptr(0)[3]=cu[j-1];
            R2.ptr(0)[4]=cu[j];
            R2.ptr(0)[5]=cu[j+1];
            R2.ptr(0)[6]=ne[j-1];
            R2.ptr(0)[7]=ne[j];
            R2.ptr(0)[8]=ne[j+1];
            R.ptr(i)[j]=maxR(R2);
        }
    }
    imshow("target", R);
```

找最大值的函数如下。

```
uchar maxR(Mat &image)
{
    uchar max;
    int j;
    max=image.ptr(0)[0];
    for (j=1;j<image.cols;++j)
    {
        if(max<image.ptr(0)[j])
        {
            max=image.ptr(0)[j];
        }
    }
    return max;
}
```

③ 其他参考代码

除了上述方法，还有其他结合指针、迭代器等方式的实现方法。

4．实验习题

（1）对比 3×3 的均值滤波器和 5×5 的均值滤波器的平滑效果。

（2）对比均值滤波器和高斯滤波器的处理效果。

（3）实现图像的中值滤波。

（4）实现图像的最大值滤波。

（5）实现图像的最小值滤波。

（6）对比图像平滑和锐化的处理效果。

7.5　实验 7.5 频域滤波

1．实验目的

理解图像的频域变换——傅里叶变换、离散余弦变换的原理；理解频域滤波器的原理和应用；掌握基于 VS+OpenCV 实现频域滤波的方法，如对图像进行平滑、锐化；掌握基于离散余弦变换实现图像压缩的方法。

2．实验内容

（1）基于 VS+OpenCV 实现傅里叶变换。

（2）基于 VS+OpenCV 实现频域滤波，如高斯高通、低通滤波。

（3）基于 VS+OpenCV 实现彩色图像压缩。

3．实验指导

（1）图像的频域处理方法是通过对图像信息进行变换，使能量保持但重新分配。其目的是对图像进行加工、处理，滤除不必要信息（如噪声等），加强和提取感兴趣的部分或特征。常用的图像频率变换有离散傅里叶变换、离散余弦变换、小波变换等。

图像频率变换的具体用途如下。

① 提取图像特征。如图像中的边缘及细化信息、表征图像的平均值。

② 图像压缩。正交变换能量集中，对集中（小）部分进行编码。

③ 图像增强。低通滤波平滑噪声，高通滤波锐化边缘。

（2）参考代码

以下代码参考博客园博客文章《C++实现离散傅里叶变换》和 CSDN 博客文章《OpenCV C++实现频域理想低通滤波器》。

```
// 中心化
    for(int i=0; i<image.rows; i++)
    {
        float *p = image.ptr<float>(i);
        for(int j=0; j<image.cols; j++)
        {
            p[j] = p[j] * pow(-1, i+j);
        }
    }

    // 二维基本傅里叶变换
    Mat dftRe = Mat::zeros(image.size(), CV_32FC1);
    Mat dftIm = Mat::zeros(image.size(), CV_32FC1);
    for(int u=0; u<image.rows; u++)
    {
        float *pRe = dftRe.ptr<float>(u);
        float *pIm = dftIm.ptr<float>(u);
        for(int v=0; v<image.cols; v++)
        {
```

```
                   float sinDft=0, cosDft=0;
                   for(int i=0; i<image.rows; i++)
                   {
                        float *q = image.ptr<float>(i);
                        for(int j=0; j<image.cols; j++)
                        {
                              float temp = PI2 *((float)u*i/image.rows + (float)v*j/image. cols);
                              sinDft -= q[j] * sin(temp);
                              cosDft += q[j] * cos(temp);
                        }
                   }
                   pRe[v] = sinDft;
                   pIm[v] = cosDft;
              }
         }
         divide(dftRe, image.rows*image.rows, dftRe);
         divide(dftIm, image.rows*image.rows, dftIm);
         multiply(dftIm, dftIm, dftIm);
         multiply(dftRe, dftRe, dftRe);
         add(dftRe, dftIm, dftRe);
         pow(dftRe, 0.5, dftRe);
         imshow("mydft", dftRe);

// 频域滤波
    // 生成频域滤波核
    Mat gaussianBlur(image.size(), CV_32FC2);
    float D0 = 2*50*50.;
    for(int i=0; i<oph; i++)
    {
         float *p = gaussianBlur.ptr<float>(i);
         for(int j=0; j<opw; j++)
         {
              float d = pow(i-oph/2, 2) + pow(j-opw/2, 2);
              p[2*j] = expf(-d / D0);
              p[2*j+1] = expf(-d / D0);
         }
    }

    // 高斯低通滤波
    multiply(complexI, gaussianBlur, gaussianBlur);

    // 进行傅里叶逆变换和中心化，得到空间域图像
```

4．实验习题

（1）基于 VS+OpenCV 实现傅里叶变换和逆变换，显示频谱图。

（2）基于 VS+OpenCV 实现频域滤波：实现高斯高通滤波器、高斯低通滤波器；实现理想高通滤波器、理想低通滤波器；实现巴特沃斯高通滤波器、巴特沃斯低通滤波器。

（3）基于 VS+OpenCV 实现彩色图像压缩，并对多种不同的压缩效果进行对比和说明。

7.6　实验 7.6 图像拼接

1．实验目的

理解图像拼接的原理和应用，掌握基于 VS+OpenCV 实现图像拼接的方法。

2．实验内容

（1）理解图像拼接的原理和应用。

（2）基于 VS+OpenCV 实现图像拼接。

（3）掌握图像高级应用的设计思路和设计过程。

3．实验指导

图像拼接分为以下两种情况。

（1）传统全景图拼接图。由在一个固定位置上以不同角度拍摄到的一系列图像拼接而成的大视场图像，其拼接特点是没有或只有轻微的运动视差。

（2）多重投影拼接图。由在一些不同位置上拍摄到的一系列图像拼接而成的大视场图像，其拼接特点是存在较大的运动视差。

图像拼接中的几个主要问题如下。① 如何使用图像数据和摄像机模型对几何失真进行校正。② 如何使用图像数据及摄像机模型进行图像对齐。③ 如何消除拼接图像中的接缝。

图像拼接过程的基本流程如下。

（1）读取 n 幅连续有重叠部分的图像，在 n 幅图像中检测 SIFT 特征，并用 SIFT 特征描述子对其进行描述。

（2）匹配相邻图像的特征点，并根据特征点向量消除误匹配。

（3）使用 RANSAC 方法，确定变换参数。

（4）图像融合。

（5）对手持相机拍摄得到的照片，即相机运动不受限制，两幅图像的关系可近似归结为初等坐标变换，即平移、旋转和缩放的组合。设 $p(x, y)$ 和 $p'(x', y')$ 为图像 I 和 I' 的对应点，则二者关系为

$$X' = MX$$

$$M = \begin{pmatrix} m_0 & m_1 & m_2 \\ m_3 & m_4 & m_5 \\ m_6 & m_7 & 1 \end{pmatrix}$$

其中，$X' = (x'\quad y'\quad 1)^{\mathrm{T}}$ 和 $X = (x\quad y\quad 1)^{\mathrm{T}}$ 是 p' 和 p 的齐次坐标，M 是两幅图像间的变换矩阵，含有 8 个参数。一旦 M 确定，则两幅图像的变换关系即可确定。

要确定矩阵 M，首先确定一定数量的特征点，利用特征点的匹配给出图像变换的估计初值，最后通过递归算法得到最后的变换。

OpenCV2.4.0 以上的版本提供了 stitcher 类，可以很方便地实现几幅图像的拼接。

两种拼接方法参考代码如下，参考了博客园博客文章《关于 Open CV 的 stitching 的使用》。

（1）第一种拼接方法参考代码

```
include <cv.h>
include <highgui.h>
include <stdlib.h>
pragma comment(lib,"OpenCV_core2410.lib")
pragma comment(lib,"OpenCV_highgui2410.lib")
int main(){
    char* file[3]={"1.jpg","2.jpg","3.jpg"};//3 幅原始图像
    IplImage* pImg[3];
    int i;

    for(i=0;i<3;++i)
        pImg[i]=cvLoadImage(file[i]);

    int sw=pImg[0]->width;
    int sh=pImg[0]->height;
    IplImage* dstImg = cvCreateImage(cvSize(sw*3,sh),pImg[0]->depth,pImg[0]-> nChannels);

    cvZero(dstImg);

    for(i=0;i<3;++i) {
        cvSetImageROI(dstImg, cvRect(i*sw,0,sw,sh));
        cvCopy(pImg[i], dstImg);
        cvResetImageROI(dstImg);
    }

    cvNamedWindow("dstImg");
    cvShowImage("dstImg", dstImg);
    cvSaveImage("result1.jpg",dstImg);//拼接图像之一

    cvWaitKey(0);

    for(i=0;i<3;++i)
        cvReleaseImage(&pImg[i]);

    cvReleaseImage(&dstImg);
    cvDestroyWindow("dstImg");
    system("pause");
    return 0;
}
```

（2）第二种拼接方法参考代码

```
include <iostream>
include <fstream>
```

```
include "OpenCV2/highgui/highgui.hpp"
include "OpenCV2/stitching/stitcher.hpp"

pragma comment(lib,"OpenCV_core2410.lib")
pragma comment(lib,"OpenCV_highgui2410.lib")
pragma comment(lib,"OpenCV_stitching2410.lib")
int main(void)
{
    string srcFile[3]={"1.jpg","2.jpg","3.jpg"};
    string dstFile="result.jpg";
    vector<Mat> imgs;
    for(int i=0;i<3;++i)
    {
        Mat img=imread(srcFile[i]);
        if (img.empty())
        {
            cout<<"Can't read image '"<<srcFile[i]<<"'\n";
            system("pause");
            return -1;
        }
        imgs.push_back(img);
    }
    Mat afterstitcher;
    Stitcher stitcher = Stitcher::createDefault(false);
    Stitcher::Status status = stitcher.stitch(imgs, afterstitcher);
    if (status != Stitcher::OK)
    {
        cout<<"Can't stitch images, error code=" <<int(status)<<endl;
        system("pause");
        return -1;
    }
    imwrite(dstImage, afterstitcher);
    namedWindow("Result");
    imshow("Result", afterstitcher);

    waitKey(0);

    destroyWindow("Result");
    system("pause");
    return 0;
}
```

4．实验习题
（1）理解图像处理高级应用的特点和过程。

（2）分析阈值设置对于图像拼接的影响。

（3）参考 stitching_detailed.cpp 程序，分析其中每个过程的原理。

7.7　实验 7.7 图像边缘检测

1．实验目的
（1）理解图像边缘检测的原理和应用。

（2）掌握常用的边缘检测算子，了解边缘检测与图像锐化的关系。

（3）了解相关算法，然后用 OpenCV 实现。

2．实验准备
（1）理解图像边缘检测的原理和应用。

（2）了解算法原理，然后用 OpenCV 进行实现。

（3）掌握图像高级应用的设计思路和设计过程。

3．实验内容与步骤
（1）利用 Roberts 算子、Prewitt 算子、Sobel 算子等一阶算子进行处理，结合理论知识观察分析各算子的处理结果。

（2）编程实现利用二阶拉普拉斯算子检测边缘。

（3）对比图像锐化，分析边缘在图像增强中的作用。

4．参考代码
以下代码参考 CSDN 博客文章《OpenCV：Canny 边缘检测算法原理及其 VC 实现详解》。

（1）Prewitt 边缘检测

对于一个 3×3 模板，如图 7.6 所示。

z_1	z_2	z_3
z_4	z_5	z_6
z_7	z_8	z_9

图 7.6　3×3 模板

定义模板中水平、垂直方向的梯度。

水平方向梯度为

$$g_x = \frac{\partial f}{\partial x} = (z_7 + z_8 + z_9) - (z_1 + z_2 + z_3)$$

垂直方向梯度为

$$g_y = \frac{\partial f}{\partial y} = (z_3 + z_6 + z_9) - (z_1 + z_4 + z_7)$$

可以推导得出图 7.7 所示的 Prewitt 算子。

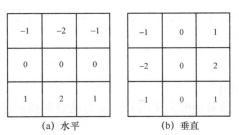

−1	−1	−1
0	0	0
1	1	1

−1	0	1
−1	0	1
−1	0	1

(a) 水平   (b) 垂直

图 7.7 Prewitt 算子

水平方向参考代码如下。

```
for( i = 1; i < srcImage.rows-1; ++i)
    {
        const uchar *pr = srcImage.ptr<const uchar>(i-1);
        const uchar *cu = srcImage.ptr<const uchar>(i);
        const uchar *ne = srcImage.ptr<const uchar>(i+1);
            for ( j = 1; j < srcImage.cols-1; ++j)
            {
                dstI.ptr(i)[j]=(-1)*pr[j-1]+(-1)*pr[j]+(-1)*pr[j+1] +ne[j-1]+ne[j]+ ne[j+1];
            }
    }
```

（2）Sobel 边缘检测

Sobel 算子是在 Prewitt 算子的基础上改进的，在中心系数上使用一个权值 2，与 Prewitt 算子相比，Sobel 算子能够较好地抑制（平滑）噪声。Sobel 算子如图 7.8 所示。

−1	−2	−1
0	0	0
1	2	1

−1	0	1
−2	0	2
−1	0	1

(a) 水平   (b) 垂直

图 7.8 Sobel 算子

水平方向参考代码如下。

```
for( i = 1; i < srcImage.rows-1; ++i)
    {
        const uchar *pr = srcImage.ptr<const uchar>(i-1);
        const uchar *cu = srcImage.ptr<const uchar>(i);
        const uchar *ne = srcImage.ptr<const uchar>(i+1);
            for ( j = 1; j < srcImage.cols-1; ++j)
            {
                dstI.ptr(i)[j]=(-1)*pr[j-1]+ (-2)*pr[j]+ (-1)*pr[j+1] +ne[j-1]+2*ne[j]+ ne[j+1];
            }
    }
```

（3）Robert 边缘检测

Roberts 算子是一个 2×2 的模板的对角方向相邻的两个像素之差。Roberts 算子是一种利用局部差分算子寻找边缘的算子。

参考代码如下。

```
for (int i = 0; i < nRows-1; i++)
 {   p=srcImage.ptr<uchar>(i);
      q=srcImage.ptr<uchar>(i+1);
    for (int j = 0; j < nCols-1; j++)
    {
     int x=p[j]-q[j+1];
     int y=q[j]-p[j+1]; //对角方向相邻的两个像素之差
      dst.at<uchar>(i, j) = (uchar)(abs(x)+ abs(y)*1.0);   //取绝对值
    }
 }
```

（4）拉普拉斯边缘检测

拉普拉斯算子参照实验 7.4。

参考代码如下。

```
for( i = 1; i < srcImage.rows-1; ++i)
    {
        const uchar *pr = srcImage.ptr<const uchar>(i-1);
        const uchar *cu = srcImage.ptr<const uchar>(i);
        const uchar *ne = srcImage.ptr<const uchar>(i+1);

        for ( j = 1; j < srcImage.cols-1; ++j)
        {
           dst.ptr(i)[j]=0*pr[j-1]+(-1)*pr[j]+0*pr[j+1]+(-1)*cu[j-1]+4*cu[j]+(-1)*cu[j+1]+0*ne[j-1]+(-1)*
           ne[j]+0*ne[j+1];
        }
    }
```

5. OpenCV 实现 Canny

主要函数为 cvCanny。函数功能为采用 Canny 方法对图像进行边缘检测。函数原型如下。

```
void cvCanny(
    const CvArr* image,
    CvArr* edges,
    double threshold1,double threshold2,
    int aperture_size=3
);
```

函数说明如下。第一个参数表示输入图像，必须为单通道灰度图。第二个参数表示输出的边缘图像，为单通道黑白图。第三个参数和第四个参数表示阈值，其中下限阈值用来控制边缘连接，上限阈值用来控制强边缘的初始分割。即如果一个像素的梯度大于上限阈值，则被认为是边缘像素；如果小于下限阈值，则被删除；如果像素的梯度在两者之间，则当这个像素与高于上限阈值的像素连接时将其保留，否则将其删除。第五个参数表示 Sobel 算子大小，默认为 3，即 Sobel 算子为一个 3×3 的矩阵。Sobel 算子与高斯拉普拉斯算子都是常用的边缘算子。

6. 实验习题

（1）编程实现 Roberts 算子、Prewitt 算子、Sobel 算子等一阶算子进行图像的边缘检测。

（2）编程实现利用二阶拉普拉斯算子检测边缘。

（3）编程实现对图像进行锐化，分析边缘在图像增强中的作用。

7.8　实验 7.8 图像分割

1．实验目的

（1）理解图像分割的原理和应用。

（2）掌握常用的图像分割的方法，了解边缘检测与图像分割的关系。

（3）了解相关算法，然后用 OpenCV 实现。

2．实验准备

（1）理解图像分割的原理和应用。

（2）了解算法原理，然后用 OpenCV 进行实现。

（3）掌握图像高级应用的设计思路和设计过程。

3．实验内容与步骤

（1）利用 K 均值聚类、Otsu 等方法进行图像分割处理。

（2）编程实现利用阈值法进行图像分割。

4．参考代码

以下实验过程参考 CSDN 博客文章《阈值化 Otsu 算法 cvAdaptiveThreshold 函数》《OpenCV 实现验证 Otsu 算法》。

（1）OpenCV 实现 K 均值聚类，用于图像分割

OpenCV 中的 K 均值聚类函数 Kmeans2 可以对图像进行颜色聚类，达到分割的目的。其函数形式如下。

```
void cvKMeans2( const CvArr* samples, int cluster_count, CvArr* labels, CvTcrmCriteria termcrit );
```

其中，samples 表示输入样本的浮点矩阵，每个样本一行；cluster_count 表示所给定的聚类数目；labels 表示输出整数向量每个样本对应的类别标识；termcrit 指定聚类的最大迭代次数和精度（两次迭代引起的聚类中心的移动距离）。函数 cvKMeans2 执行 K 均值聚类算法搜索 cluster_count 个类别的中心并对样本进行分类，输出 labels(i)为样本 i 的类别标识。

参考代码如下。

```
IplImage* img=cvLoadImage("flower.JPG");

cvNamedWindow( "原始图像", 1 );
cvShowImage( "原始图像", img   );

int i,j;
CvMat *samples=cvCreateMat((img->width)*(img->height),1,CV_32FC3);
CvMat *clusters=cvCreateMat((img->width)*(img->height),1,CV_32SC1);

int k=0;
for (i=0;i<img->width;i++)
{
```

```
                              for (j=0;j<img->height;j++)
                              {
                                          CvScalar s;

                                          s.val[0]=(float)cvGet2D(img,j,i).val[0];
                                          s.val[1]=(float)cvGet2D(img,j,i).val[1];
                                          s.val[2]=(float)cvGet2D(img,j,i).val[2];
                                          cvSet2D(samples,k++,0,s);
                              }
                  }

      int nCuster=2;
      cvKMeans2(samples,nCuster,clusters,cvTermCriteria(CV_TERMCRIT_ITER, 100,1.0));

      IplImage *bin=cvCreateImage(cvSize(img->width,img->height),IPL_DEPTH_ 8U,1);
      k=0;
      int val=0;
      float step=255/(nCuster-1);

      for (i=0;i<img->width;i++)
      {
                  for (j=0;j<img->height;j++)
                  {
                              val=(int)clusters->data.i[k++];
                              CvScalar s;
                              s.val[0]=255-val*step;
                              cvSet2D(bin,j,i,s);
                  }
      }
```

（2）OpenCV 实现 Otsu 图像分割方法

Otsu 图像分割方法原理简单描述如下。对于分割图像 Image，设 T 为前景与背景的分割阈值，前景像素个数占图像比例为 w_0，其平均灰度为 u_0；背景像素个数占图像比例为 w_1，平均灰度为 u_1。计算方差值 $\delta=w_0w_1(u_0-u_1)(u_0-u_1)$，从小到大遍历所有灰度值，找到阈值 T 使方差值 δ 最大，即为分割阈值。

```
      // Otsu 算法
      fmax=-1.0;
      n1=0;
      for (i=0; i<255; i++)
      {
          n1+= ihist[i];
          if (n1==0) {continue;}
          n2=n-n1;
          if (n2==0) {break;}
          csum += (double)i *ihist[i];
          m1=csum/n1;
          m2=(sum-csum)/n2;   //sum+=(double)i*(double)ihist[i];
```

```
        vari=(double)n1*(double)n2*(m1-m2)*(m1-m2);
        if (vari>fmax)
        {
            fmax=vari;
            thresholdValue_temp=i;    //找到使类间方差最大的灰度值
        }
    }
```

5．实验习题

（1）编程实现两种以上的图像分割方法，分析其异同。

（2）通过理论学习和实验验证，分析边缘检测和图像分割的关联。

7.9　实验 7.9 多媒体动画编程

1．实验目的

（1）理解 SDL 和 OpenGL 的原理和应用。

（2）掌握图像显示和渲染的方法，了解多媒体动画编程的基本概念。

（3）了解相关算法，然后用 OpenGL+sdl 实现。

2．实验准备

（1）理解多媒体动画的原理和应用。

（2）了解算法原理，然后用 OpenGL+sdl 进行实现，合适配置 OpenGL 和 sdl 的 include 和 lib 的路径，添加必要的 lib 文件，复制必要的 dll 文件。

（3）掌握高级多媒体动画的设计思路和设计过程。

3．实验内容与习题

利用 sdl+OpenGL 实现一个粒子爆炸效果的动画。

7.10　实验 7.10 视频处理

1．实验目的

（1）理解视频检测的基本原理和应用。

（2）掌握视频读取、视频帧处理等方法，了解视频处理的基本概念。

（3）了解相关算法，用 OpenCV+MFC 实现。

2．实验准备

（1）理解视频检测的原理和应用。

（2）了解算法原理，然后用 OpenCV+MFC 进行实现，配置 OpenCV 的 include 和 lib 的路径，添加必要的 lib 文件，复制必要的 dll 文件。

（3）掌握高级视频处理的设计思路和设计过程。

3．实验内容与步骤

（1）利用 OpenCV+MFC 实现一个视频检测的简单系统。

（2）了解 MFC 和 OpenCV 结合编程的方法。从时间和空间相关性上考虑视频处理技术。

4．参考代码

（1）视频到图像的转换

```
//读取和显示
for (i = 0; i < numFrames -1; i++){

    img = cvQueryFrame(capture); //获取一帧图像
    char key = cvWaitKey(20);

    sprintf(image_name, "%s%s%d%s", s, "\\image", i, ".jpg");//保存的图像名
    cvSaveImage(image_name, img);      //保存一帧图像
}
```

（2）帧差方法检测代码

```
// 获取视频中背景帧图像，以及当前帧图像
//高斯滤波以平滑当前帧图像
cvSmooth(pFrameMat, pFrameMat, CV_GAUSSIAN, 3, 0, 0);
//当前帧图像与背景帧图像相减
cvAbsDiff(pFrameMat, pBkMat, pFrMat);
```

5．实验习题

（1）在参考代码的基础上，实现一种视频特征检测或跟踪的方法。

（2）分别以控制台编程和 MFC 编程的两种方式实现程序。

7.11　实验 7.11 视频跟踪

1．实验目的

（1）理解视频跟踪的原理和应用。

（2）了解相关算法，如 MeanShift、CamShift 在跟踪中的应用，然后用 OpenCV 实现。

2．实验准备

（1）理解视频跟踪相关算法的原理和应用。

（2）拍摄具有兴趣目标对象的视频。

（3）掌握高级视频处理的设计思路和设计过程。

3．目标跟踪算法

（1）MeanShift 算法

无参密度估计也称为非参数估计，属于数理统计的一个分支，和参数密度估计共同构成了概率密度估计方法。参数密度估计方法要求特征空间服从一个已知的概率密度函数，在实际应用中这个条件很难达到。而无参密度估计方法对先验知识要求最少，完全依靠训练数据进行估计，并且可以用于任意形状的密度估计。依靠无参密度估计方法，即不事先规定概率密度函数的结构形式，在某一连续点处的密度函数值可由该点邻域中的若干样本点估计得出。常用的无参密度估计方法有直方图法、最近邻域法和核密度估计法。

MeanShift 算法属于核密度估计法，它不需要任何先验知识而完全依靠特征空间中的样

本点计算其密度函数值。对于一组采样数据，直方图法通常把数据的值域分成若干相等的区间，数据按区间分成若干组，每组数据的个数与总参数个数之比就是每个单元的概率值；核密度估计法的原理与直方图法相似，只是多了一个用于平滑数据的核函数。采用核函数估计法，在采样充分的情况下，能够渐进地收敛于任意的密度函数，即可以对服从任何分布的数据进行密度估计。

（2）基于 MeanShift 的目标跟踪算法

基于均值漂移的目标跟踪算法通过分别计算目标区域和候选区域内像素的特征值概率得到关于目标模型和候选模型的描述，然后利用相似函数度量初始帧目标模型和当前帧的候选模版的相似性，选择使相似函数最大的候选模型并得到关于目标模型的 MeanShift 向量，这个向量是目标由初始位置向正确位置移动的向量。由于均值漂移算法的快速收敛性，通过不断迭代计算 MeanShift 向量，算法最终收敛到目标的真实位置，达到跟踪的目的。

（3）CamShift 算法

目标跟踪的另一个重要的算法是 CamShift，因为它是连续自适应的 MeanShift，这 2 个函数 OpenCV 中都有。

CamShift 函数的原型为 RotatedRect CamShift(InputArray probImage, Rect& window, TermCriteria criteria)。其中，probImage 为输入图像直方图的反向投影图，window 为跟踪目标的初始位置矩形框，criteria 为算法结束条件。函数返回一个有方向角度的矩阵。该函数的实现首先利用 MeanShift 算法计算出要跟踪的中心，然后调整初始窗口的大小位置和方向角度。在 CamShift 内部调用了 MeanShift 算法计算目标的中心。

4．实验习题

分别基于 MeanShift 算法和 CamShift 算法实现视频目标对象的跟踪。